첫 페이지를 넘긴 당신은 한국 최초의 전문토탈격투교본을 보고 계십니다.
이 책을 마스터한 순간, 당신의 격투실력은 한 단계 업그레이드 됩니다.
이젠 격투가로서의 프라이드를 지키셔도 됩니다!

공권유술이란 타격계와 유술계가 적절히 조화를 이루는 무술이다. 혹자는 "공권유술은 태권도와 킥복싱 그리고 합기도와 같은 타격기와 유도나 레슬링, 일반 주지추 기술을 단순히 혼합한 무술이 아니냐?"라고 질문하기도 한다.

어떤 무술이 만들어지기까지는 실험적인 기술들과 연습 그리고 테크닉의 완숙미가 따라야 한다. 무술이란? 어느날 갑자기 만들어지는 것이 아니라 대단히 복잡한 준비과정이 필요하다. 만약 태권도의 옆차기를 타격에 사용하여 유술기로 이어진다면 그 연결과정이 매우 미숙하게 된다. 옆차기는 멋있는 발차기이기는 하지만 그 자체가 타격을 위한 발차기이므로 유술기로 사용하기에는 부적절한 기법이기 때문이다.

유술기를 효과적으로 사용하기 위해서는 그것에 맞는 발차기와 타격기법이 사용되어야 하고 단순히 킥복싱의 타법이나 무예타이타법, 합기도와 같은 일반적인 타법의 혼합이라고 생각한다는 것은 무리가 따른다. 공권유술의 발차기나 수기기법은 유술기를 적절히 사용하기 위한 독창적인 타격법이다.

유술기는 고류유술과 현대 유술기가 적절히 조화를 이룬 기법으로 되어있다. 공권유술의 독창적인 기법이 상당수를 차지하고 있으며 그 기법 또한 매우 강력하고 효과적인 기술들로 이루어진다. 공권유술의 최대의 기술 테크닉은 서서 시작하여 누워서 마무리 짓는 훈련법을 반복적으로 수련하는 것이다.

지금부터 선보일 기술들은 부분적인 기술에 지나지 않는다.

그러니까 하나하나의 기술을 부분적으로 익힐 수 있도록 엮어놓았고 독자들이 스스로 수련하기 충분하도록 만들어 놓았지만 그것만으로 "이것이 공권유술의 전부다!"라고 말하기는 곤란하다.

언뜻 보면 브라질유술로 보일 수 있으며 유도로 보일 수도 있고 마치 킥복싱이나 가라데 같이 보일 수도 있다. 물론 공권유술의 탄생이 현대무술에서 부족한 테크닉을 보충하여 창시한 무술이라 할지라도 또, 짧은 역사를 가지고 있더라도 어느 하나의 문파에 치우쳐서 기술을 커리큘럼 안에 넣어서 수련하지는 않는다.

공권유술도 타 무술과 마찬가지로 독자적인 기술 그리고 독자적인 훈련시스템을 가지고 수련하는 것이다. 오히려 타 무술에서 빠져있는 그리고 부족하다고 생각되는 기술을 보충하고 메우어 나간다.

지구상에는 수많은 무술이 존재한다. 무술에 사용되는 기술 중에 그 기술을 하나하나씩 분리해 놓고 보면 그 무술이 어떤 종류의 무술인지 식별하기가 매우 힘들 것이다.

예를 들자면, 태권도의 앞차기, 돌려차기, 옆차기 또는 뒤후리기와 같은 발차기를 본다면

책 머리에

이러한 발차기를 가지고 "태권도다!"라고 단정할 수 없다는 것이다.
왜냐하면 이러한 기술은 일본의 공수도나 중국의 쿵푸 또는 미국식 킥복싱에도 거의 비슷한 발차기로 존재하기 때문이다.
뿐만 아니라 유술기 또한 안다리후리기, 받다리후리기 또는 관절기 등과 같은 기술들은 한국의 합기도, 일본의 유도, 러시아의 삼보나 브라질유술 또는 미국의 프로레슬링에서도 많이 사용하고 있다.
그러므로 어느 무술이 타 무술과 확연히 틀리다는 것을 느낄 수 있는 것은 그 무술의 프로그램에 달려있다고 할 수 있다.
품세나 본(本) 또는 수련방식이나 시합의 규칙에 따라서 무술자체의 분위기가 확연히 달라진다.
공권유술 또한 대단히 훌륭한 프로그램으로 수련생들과 함께 한다.
뿐만 아니라 본(本)과 실전에서의 상황적 위험을 재현하면서 능동적이고 창의적인 대처방안을 집중수련하고 있다.
공권유술을 하는 최대의 목적은 즐기기 위해서이다! 대부분 성인들로 구성되어있는 공권유술은 마치 골프를 치고 등산을 가며 스키를 타는 것처럼 매우 즐겁게 수련할 수 있도록 프로그램 되어 있다.
공권유술은 여러분의 생활의 일부가 된다.
공권유술이야말로 건전한 스포츠요 여가선용이며 자기수행의 한 과정으로 정착되기를 바란다.

2004년 2월 28일

강 준

책 머리에 • 02

제1강 전천후공격 다리 잡아 넘기기

기본 다리 잡아 넘기기 • 10
01_ 안쪽 다리 잡아 넘기기 • 11
보너스 테크닉(안다리 걸기) • 16
02_ 다리 잡아 안다리걸기 • 17
보너스 테크닉(낚시걸이) • 21
03_ 바깥쪽 다리 잡아 넘기기 • 25
보너스 테크닉(안뒤축 후리기) • 29
04_ 두 다리 잡아 넘기기 • 32
05_ 실패 줄이기 • 36
어깨 밀기 • 37
다리 잡아 덧걸이 • 38
보너스 테크닉(다리 감아 무릎 조이기) • 40
06_ 접근전의 기본 조건 • 42
07_ 다리 잡아 넘기기의 훈련법 • 45
자세 만들기 • 45
무릎 걷기 • 46
고정샌드백을 이용한 훈련 • 47
인형샌드백을 이용한 훈련 • 48
강준의 무술이야기 읽거나 말거나!!(1) • 50

제2강 기본 타격 테크닉

기본 타격 테크닉 • 58
01_ 정권 지르기와 안쪽 정강이 차기 • 59
02_ 왼손 정권 지르기와 오른발 하단 차기 • 62
03_ 왼손 돌려치기-오른손 정권 지르기-왼발 늑골 차기 • 65
04_ 왼발 기둥 받치기-오른손 정권 지르기-왼손 돌려치기-오른발 상단 차기 • 67
05_ 왼손 올려치기-오른손 돌려치기-왼발 무릎 차기 • 70
06_ 왼발 앞차기-오른손 정권 지르기-왼손 옆구리 안면 더블 돌려치기-오른발 무릎 차기-왼발 상단 차기 • 72
거리의 개념 • 76
마술 • 79

차 례

제3강
곁누르기에서의 기법

곁누르기 • 88
01_ 팔꿈치 타격 • 91
02_ 무릎 안면 타격 • 93
03_ 겨드랑이 십자꺾기 • 95
04_ 겨드랑이에서 손목 눌러 꺾기 • 99
05_ 팔 얽어 목 당겨 꺾기 • 101
06_ 팔 펴 눌러 꺾기 • 103
07_ 가로 누워 목 당겨 꺾기 • 106
08_ 팔 삼각 조르기 • 108
09_ 무릎 조이기 • 111
10_ 좌식에서 곁누르기 만들기 • 114
11_ 곁누르기 탈출법 • 116
브릿지 나오기 • 116
목깃 잡아 발 걸어 나오기 • 118
12_ 발목 걸어 나오기 • 120
발목 걸어 나오기에서 십자꺾기로 변환 • 121
몸 돌려 나오기 • 122
강준의 무술이야기 읽거나 말거나!!(2) • 124

제4강
뒤곁누르기에서의 기법

뒤곁누르기 • 132
그 밖에 뒤곁누르기 • 133
01_ 칠리(七理)안과 허벅지 치기 • 134
02_ 무릎 조이기 • 137
03_ 발목 얽어 비틀기 • 140
04_ 발목 비틀기 • 142
05_ 정면 위누르기로의 변환 • 145
일반 오르기 • 145
손으로 누르고 오르기 • 148
발 당겨 오르기 • 149
다리 가랑이 넣어 오르기 • 150
좌식에서 뒤곁누르기 만들기 • 152
강준의 무술이야기 읽거나 말거나!!(3) • 154

제5강
가로누르기에서의 기법

가로누르기 • 164
그 밖에 가로누르기 • 165
01_ 팔꿈치 타격과 무릎 차기 • 166
02_ 팔 얽어 비틀기 • 168
03_ 가로 누워 팔 십자꺾기 • 171
04_ ‘ㄷ’ 자형 꺾기 • 172
보너스 테크닉(‘ㄷ’ 자형 꺾기에서 기무라 꺾기로의 변환) • 174
05_ 좌식에서의 가로누르기 만들기 • 176
06_ 가로누르기에서의 탈출 • 178
브릿지 나오기 • 178
가랑이 자세 만들기 • 181
몸 세워 다리 잡아 넘겨 나오기 • 183

제6강
무릎누르기에서의 기법

무릎 누르기에서의 기법 • 186

01_ 역조르기 • 187
02_ 외발 십자꺾기 • 189
03_ 돌아 십자꺾기 • 192
04_ 어깨 걸어 꺾기 • 195
05_ 무릎 조이기 • 197
06_ 무릎누르기 만들기 • 199
07_ 무릎누르기 탈출법 • 200
 띠 잡아 밀어 나오기 • 200
 무릎 밀어 몸 돌려 나오기 • 201

강준의 무술이야기 읽거나 말거나!!(4) • 203

제7강
정면 위누르기에서의 공격법

정면 위누르기 • 212

그 밖에 테크닉 • 213

01_ 타격 • 214
02_ 팔 얽어 비틀기 • 215
03_ 팔 교차 당겨 꺾기 • 217
04_ 발 삼각구 조르기 • 219
05_ 십자꺾기 • 223
06_ 상대의 방어에 대한 역공격 • 226
 손가락 잡기로 방어할 때 • 226
 손목 잡기로 방어할 때 • 229
 그 밖에 손 풀기 • 231
07_ 정면 위누르기 만들기 • 232
08_ 정면 위누르기의 탈출법 • 235
 브릿지 나오기 • 235
 뒤 굴러 나오기 • 237
 가랑이 자세 만들기 • 239

강준의 무술이야기 읽거나 말거나!!(5) • 241

제8강
가랑이 자세에서의 공격법

가랑이 자세 • 246

01_ 타격 • 247
02_ 세모 조르기 • 249
03_ 역조르기 • 251
 정면 역조르기 • 251
 목 감아 역조르기 • 252
04_ 옷소매 잡아 조르기 • 254
05_ 옷깃 잡아 돌아 조르기 • 256
06_ 정면 맨손 조르기 • 260
07_ 좌식 십자꺾기 • 263
 보너스 테크닉 • 266
08_ 'ㄷ'자형 꺾기 • 272
 보너스 테크닉 • 276
09_ 발 삼각구 조르기 • 278
 보너스 테크닉 • 281
10_ 거북이 올라 발 감아 당기기 • 282
11_ 상대의 탈출을 역습하는 방법 • 285
 두 다리 잡아 넘기기 • 285
 한쪽 다리 잡아 걸어 넘기기 • 287
 발목 비틀기 • 289
 입식 십자꺾기 • 291
12_ 좌식에서 가랑이 자세 만들기 • 293

강준의 무술이야기 읽거나 말거나!!(6) • 294

제9강
가랑이 자세에서의 탈출과 공격

01_ 팔꿈치 눌러 나오기 • 300
팔꿈치 눌러 가로누르기 • 302
팔꿈치 눌러 정면 위누르기 • 304
02_ 몸 당겨 나오기 • 307
띠 잡아 올려 조르기 • 307
발 당겨 눌러 가로누르기 • 309
돌아 곁누르기 • 311
소매 잡아 돌려 무릎누르기 • 313
03_ 발목 조이기 • 315
04_ 발목 비틀기 • 318
05_ 발 얽어 비틀기 • 320
강준의 무술이야기 읽거나 말거나!!(7) • 322

제10강
거북이 자세에서의 공방

01_ 타격 • 330
무릎 차기 • 330
팔꿈치 치기 • 331
02_ 풍차 조르기 • 333
03_ 목 눌러 꺾기 • 337
04_ 몸통깃 감아 조르기 • 341
05_ 팔꿈치 조이기 • 345
뒤에서 팔꿈치 조이기 • 345
앞에서 팔꿈치 조이기 • 347
06_ 역십자 굳히기 • 349
타격 • 352
죽지 걸어 조르기 • 353
발 걸어 조르기 • 354
07_ 발목 비틀기 • 357
08_ 맨손 조르기 • 360
09_ 거북이 뒤집기 • 363
앞으로 뒤집기 • 363
굴려 뒤집기 • 365
들어올려 뒤집기 • 367
옆돌려 뒤집기 • 369
뒤집어 십자꺾기 • 372
10_ 좌식에서 거북등 타기 • 375
강준의 무술이야기 읽거나 말거나!!(8) • 377

제11강
좌식에서의 기습적 공격테크닉

01_ 어깨 걸어 굳히기 • 384
02_ 팔 걸어 굳히기 • 386
03_ 팔 당겨 십자 굳히기 • 388
04_ 팔꿈치 조이기 • 390
05_ 역조르기 • 392
06_ 좌식에서의 기습적 십자꺾기 • 394
07_ 뒤집어 오르기 • 396
08_ 역뒤집어 오르기 • 398
강준의 무술이야기 읽거나 말거나!!(9) • 400

– 저자후기 • 408
– 공권유술 지도자 연수 안내 • 410

제1강

전천후 공격 다리 잡아 넘기기

기본 다리 잡아 넘기기

일명 태클이라고 불리는 기술로 상대의 허리 아랫부분에 공격을 가하여 다리를 잡아 바닥에 눕히는 기법으로 아마추어 레슬링이나 유도에서 흔히 볼 수 있는 테크닉 중 하나이다. 이러한 다리 잡아 넘기기의 기법은 수십 개 이상으로 이루어져 있으므로 처음 이 기술을 접하는 수련인은 높낮이의 위치와 자세를 잘 이해해야 좋은 수련효과를 볼 수 있다.
다리 잡아 넘기기는 메치기의 가장 기본이 될 수 있다.
이것은 처음부터 잡고 시작하는 유도식 메치기와는 차이점이 있다.
왜냐하면 다리 잡아 넘기기는 접근전이 일어나기 전에 상대의 다리 밑으로 파고들어가 상대의 중심을 흐트러트려 바닥에 눕히는 기술이기 때문이다. 즉 손으로 기울이기를 통해서 기술을 구사하는 것이 아니라 처음부터 곧바로 메치기로 연계되는 특성 때문에 기술의 습득이 매우 유리하다고 할 수 있다. 공권유술 도관에서도 가장 기본적인 메치기로 초급자에게 처음 메치기를 접하게 하는 기술 중 하나이다.
가장 단순한 기술이 실전에서는 막강한 효과를 발휘할 수 있다.

01_ 안쪽 다리 잡아 넘기기

1_ 당신이 상대방에게 효율적으로 다리 잡아 넘기기를 구사하고 싶다면 거리 조절이 가장 큰 요인으로 작용할 것이다.
상대방의 주먹공격이나 발차기공격을 대비하여 2걸음 정도의 거리에서 동태를 살피는 것이 유리하다. 또한 공격하기 전 상대가 태클을 전혀 예측할 수 없도록 발차기의 모션이나 펀치를 가격하기 위한 모션을 써서 상대가 안면방어에 주력할 수 있도록 작전을 펼친 후 다리 잡아 넘기기를 기습적으로 시도한다.

상대방과의 대치상황

2_ 왼발 정강이나 발등으로 상대의 오금을 인사이드 킥한다.
이 충격으로 상대의 다리는 옆으로 밀려나며 중심을 잃을 것이다.
비록 상대가 중심을 잃지 않더라도 충격을 줄 수 있으며 후속공격으로 다리 잡아 넘기기를 연결 동작으로 실행하면 된다.

안쪽 오금 킥

3_ 앞의 그림과 비슷한 상황이나 앞차기로 상대의 명치 또는 상대의 발차기나 주먹치기를 견제하는 효과를 볼 수 있다.
즉 콤비네이션 기술로 연결하는 과정에서 상대에게 치명상을 주는 단발공격 이외에 자신의 다리 잡아 넘기기의 기술이 좀 더 용이하게 들어갈 수 있도록 하며 난이도가 좀 더 높은 기술로써 활용되기도 한다.

왼발 앞차기

4_ 다음 그림은 상대의 주먹공격에 대응하여 다리 잡아 넘기기를 시도하고 있는 모습이다. 뒤로 물러나지 않고 상대의 펀치를 피하며 타이밍을 빼앗고 후속적인 타격거리에서 완전히 벗어날 수 있다. 일단 다리를 잡는 데 성공한다면 어렵지 않게 상대를 매트에 눕힐 수 있다. 다리 잡아 넘기기는 공격적인 기능에서 뿐만 아니라 방어적인 기능에서도 격투에서 필요한 여러 가지 요소들을 충분히 수행할 수 있다.

받아넘기기

5_ 만약 당신이 능동적인 다리 잡아 넘기기의 공격 시도 시, 허리를 낮추지 않고 타격 폼 그대로 상대의 다리를 잡으려고 들어간다면 상대의 펀치에 안면을 가격당할 수 있다.

그러므로 돌연 자세를 바꾸어 안정된 스탠드와 낮은 자세로 상대의 허리 밑으로 파고들어야 한다.

이러기 위해선 예비동작이 뒤따라야 하는데 그것이 앞에 있는 안쪽 오금 킥 그림과 왼발 앞차기 그림이다.

당신이 상대의 오금을 잡기 전에 미리 그것에 대비하여 손의 위치나 발의 위치 또한 균형의 위치를 적당히 조절하여 빠르게 공격할 수 있도록 대처해야 한다.

몸을 낮추는 자세

6_ 왼손은 상대의 오금 안쪽을 잡고 오른손은 발목 쪽을 잡는다.

여기서 중요한 것은 어깨를 상대의 아랫배에 밀착시키는 것이다. 일단 어깨를 상대에 밀착시켜서 밀기 시작하면 상대의 중심은 뒤로 쏠릴 수밖에 없다.

그와 동시에 두 손을 자신의 몸쪽으로 끌어당겨 감싸안듯이 한다.

다리를 잡는 자세

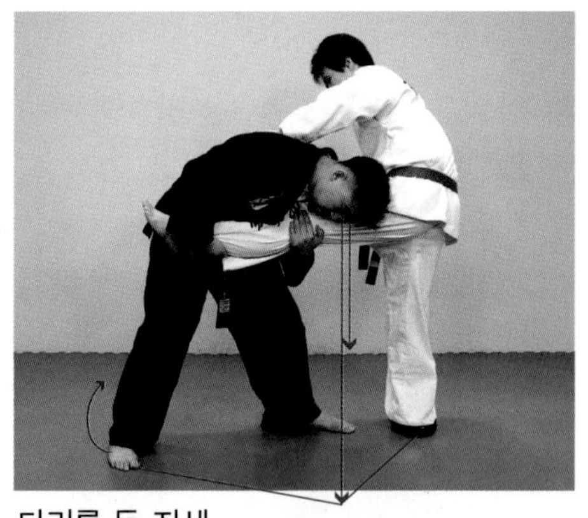

다리를 든 자세

7_ 일단 상대의 다리가 들려 당신의 가슴에 닿았다고 느끼는 순간 그와 동시에 당신은 당신의 어깨와 가슴으로 잡은 다리를 밑으로 누른다.
즉, 상대는 밀리는 힘뿐만이 아니라 펴져 있는 무릎이 밑으로 눌려 넘어지게 되는 것이다.
이것은 몸으로 '미는 힘+당기는 힘+누르는 힘+회전력'이 모두 하나가 되어 동시에 일어나기에 가능한 일이다.
몸의 회전력은 상대를 바닥에 눕힐 수 있는 열쇠가 된다. 이때 당신의 오른발은 원을 그리며 뒤로 회전하여 동작을 실시하여야 한다.

8_ 상대가 넘어졌다고 하더라도 당신은 상대의 다리를 놓아주어서는 안 된다.
넘긴 것 자체만으로는 상대에게 치명상을 줄 수 없으므로 계속해서 후속공격을 해야 한다. 얼마나 힘들게 상대를 넘겼는가?
당신은 이것을 찬스로 삼아 승리로 이끄는 밑거름을 만들어야 한다.

다리를 구부리고 중심을 앞으로 하여 상대와 근접할 수 있도록 한다.

넘어져 있는 상대

안쪽 다리 잡아 넘기기의 후속공격, 타격과 발목 조이기

그림A_ 상대의 안면에 발의 뒤꿈치로 차기를 실시할 수 있다.

그림B_ 상대의 발목에 발목 조이기를 실시하여 항복을 받아 낸다.

안다리 걸기(응용)

1_ 상대의 다리를 잡아 기술을 걸 때 상대가 그 기술을 미리 알아차리거나 또는 체중의 차이가 심하거나 그밖에 불안정한 자세에서 기술이 들어가게 되면 상대는 넘어지지 않고 버티게 된다. 마치 한쪽 다리를 들고 상대는 깨끔 발로 '폴짝 폴짝' 뛰어다니는 형태가 만들어지는데 다음 그림과 같이 콤비네이션으로 이끄는 지혜가 필요하다.

2_ 잡은 다리를 잡아당기며 왼발로 상대의 지탱하고 있는 발을 걸어 후린다.

다리를 걸기 전 몸을 우측으로 회전한다. 상대는 뒤로 물러설 수 없이 원을 그리며 빙글빙글 돌게 되는데 이때를 포착하여 안쪽 다리를 걸어 넘기는 것이다.

3_ 완전히 넘긴 후에도 계속해서 상대의 다리를 잡고 있어야 한다. 다리를 좌측이나 우측으로 이동시키고 계속해서 누르기를 시도할 수 있으며 발이나 손으로 타격할 수 있다. 될 수 있으면 상대와 당신이 최대한 근접거리를 유지할 수 있도록 노력하며 넘긴 후에도 입식 자세가 될 수 없도록 노력해야 한다.

02_ 다리 잡아 안다리걸기

이 기술은 안쪽 다리 잡아 넘기기보다 더욱 확실히 상대를 매트에 눕힐 수 있다. 그것은 안정감 때문이다. 두 다리를 꼼짝 못하게 하여, 당기는 힘과 미는 힘을 동시에 사용함으로 상대를 함정에 빠트리는 것이다.

위와 같이 정확한 기술을 구사하기 위해서는 많은 연습량이 필요한 것이 사실이다. 뿐만 아니라 상대의 공격을 무력화시키며 역으로 공격하는 테크닉의 방법을 습득해야 하기에 실전대련연습이 무엇보다 중요하다고 하겠다.

분명 다리 잡아 넘기기는 격투술에서 빼놓아서는 안 될 최강의 기술이다.

그러나 이러한 기술을 구사하기 위해서는 어느 정도의 위험을 감수해야 한다. 그것은 상대의 카운터펀치나 치명적인 발기술에 노출되어 있기 때문이다. 당신이 당신의 기술로 좀 더 안전하게 상대를 제압하고자 한다면 공격과 수비의 이치를 터득해야 한다.

준비자세

1_ 상대방과의 대치상황에서 당신은 기습적으로 상대에게 접근한다.
미리 오른발이 전진할 수 있도록 마음의 준비를 한다.

2_ 상대의 로우킥을 의식하지 말고 고개를 45도 가량 숙이며 과감히 전진하여 상대의 가슴으로 파고든다.

3_ 이마로 상대의 안면을 들이받듯이 들어간다. 엉덩이를 뒤로 빼고 당신의 오른발이 상대의 가랑이 안쪽에 놓이게 한다. 그 후 단단히 커버한 손을 풀어서 상대의 허리와 다리를 잡을 수 있다. 일단 상대와 가깝게 접근하여 몸에 밀착하면 커버한 손을 자유자재로 사용하라! 일단 상대와 밀착하면 상대가 아무리 타격계의 고수라 하더라도 펀치를 날린다는 것이 쉽지 않게 된다.

4_ 두 손으로 안면을 단단히 커버하고 오른발을 상대의 가랑이 깊숙이 넣을 수 있도록 '바짝' 접근한다.

5_ 순간적으로 오른손은 상대의 허리 위치에 놓으며 왼손은 상대의 오른쪽 오금을 잡는다. 계속해서 밀어붙이는 것이 요령이다.

이러한 행위는 상대가 엉덩이를 빼서 뒤로 도망가지 못하게 하는 것과 다리를 뒤로 이동하지 못하게 하는 이유에서이다.

그 다음 자신의 다리를 상대의 왼쪽 다리에 걸어 밀어붙이기 시작한다.

이 모든 것이 동시에 일어나야 한다.

기술의 구사가 잘된 그림

만약 상대의 오른쪽 오금을 잡는 동작을 생략하게 된다면 마치 씨름을 하는 듯한 자세가 되고 만다. 상대가 엉덩이를 뒤로 빼고 이에 대처하여 넘기기가 매우 힘들게 된다. 그러므로 정확한 기술의 동작과 숙련이 필요하다.

엉덩이가 뒤로 빠져있고 중심이 뒤로가 있어서 상대는 앞으로 밀어 넘기지 못한다.

그림A_ 기술 구사가 잘못된 그림

상대를 넘어뜨린 그림

6_ 어깨로 상대를 밀어붙이며 왼손과 오른발을 자신의 몸쪽으로 잡아당기며 어깨로 상대를 밀어 넘어뜨린다.

낚시걸이

왼발을 지지대로 삼아 자신의 몸이 뒤집어지지 않도록 컨드롤한다.

낚시걸이는 키가 작거나 몸무게가 적게 나가는 사람이 키가 크거나 몸무게가 많이 나가는 사람에게 사용하기 적합한 기술이다. 만약 당신이 장신의 소유자라면 이 기술을 구사하는 데 신중을 기해야 할 것이다. 낮은 자세에서 상대의 품으로 파고 들어가는 기술은 오히려 장신에게는 불편할 수밖에 없다. 자기 자신의 신체조건에 따라 기술선택에 신중을 기할 필요가 있다.

1_ 낮은 자세에서 허리맞잡기를 실시하고 있다.

2_ 상대가 방어하며 버티어 넘기기가 힘들어질 때는 체중의 이동이나 넘기는 각도가 부족해서이며 정확히 기술이 걸렸다고 해도 상대의 힘과 신체적 조건 그리고 탁월한 기술의 소유자라고 할 때는 메쳐지지 않는 경우가 있다.

3_ 걸고 있는 상대의 왼쪽 다리를 변환하여 상대의 가랑이 사이의 중간 위치에 오게 한다.

상대의 가랑이 사이로 발이 위치하게 한다.

손바닥을 하늘로 향하게 하며 공격하면 팔꿈치의 집약적인 모서리 부분으로 타격할 수 있다.

4_ 잡고 있던 허리에 손을 빼내어 팔꿈치로 상대의 옆구리를 가격한다. 반드시 팔꿈치의 집약적인 부분으로 공격하며 여러 번의 연타로 충격을 준다. 팔꿈치의 집약적인 부분으로 공격할 수 있는 요령은 자신의 손바닥을 하늘 방향으로 향하게 하고 손가락을 완전히 편 상태로 기술을 행하는 것이다.

5_ 그 후 당신의 오른발을 상대의 왼쪽 발에 단단히 감아 넘기기를 실시한다. 일단 다리가 걸리면 마치 낚시 바늘에 물고기가 걸린 것처럼 빠져나갈 수가 없다. 이러한 기술을 낚시걸이라고 한다. 그 후 허리를 숙여 체중을 완전히 상대에게 맡기고 왼발로 밀어붙이며 상대를 쓰러뜨린다. 공격자의 손을 잘 보아주기 바란다. 손의 위치는 상대의 오금이나 허벅지를 잡거나 터치하고 있다. 이런 이유는 당신이 낚시걸기를 하기 전에 상대가 다리를 뒤로 빼서 방어하는 것을 예방하는 차원에서이다. 조그마한 손동작이나 몸짓이 사실상 고수와 하수를 가름하는 잣대가 되기도 한다. 좀 더 확실히 기술을 설명하고자 한다.

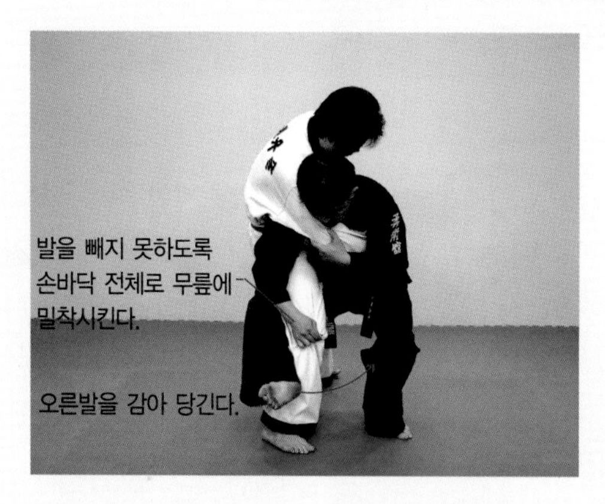

6_ 상대를 넘기고 난 후의 후속공격을 설명하도록 하겠다.
상대를 넘어뜨린 후 오른손으로 상대의 오른쪽 무릎 옷깃을 잡아 상대의 다리를 봉쇄한다.

7_ 동시에 자신의 몸을 일으켜 세워 상대의 오른발등과 발바닥을 손바닥 전체로 잡아당기며 자신의 무릎을 상대의 무릎 안쪽에 끼워 넣는다.

8_ 상대의 종아리를 직각으로 세운다. 왼손과 오른손을 보조하여 발목을 뒤로 젖혀 매달리며 꺾는다. 여기서 중요한 점은 상대의 발목이 세워진 상태에서 꺾여야 하는 것이며 잡아당기는 포인트와 체중을 실어 당기는 기법이 중요하다고 할 수 있다. 반드시 상대의 발이 직각이 되도록 만든다.

9_ 만약 상대가 강한 힘의 소유자로 발목을 낫 모양으로 구부려 힘을 주고 저항한다면 발목 비틀기를 시도할 수 있다. 이때 상대는 발목이 비틀려 탈골하게 된다.

03_ 바깥쪽 다리 잡아 넘기기

안쪽 다리 잡아 넘기기와 바깥쪽 다리 잡아 넘기기의 차이점은 다리 잡아 넘기기를 할 때 어느 방향에서 공격하느냐의 차이이다.

바깥쪽 다리 잡아 넘기기는 상대의 몸통 옆으로 빠지며 공격을 시도하는 것이다. 사전에 발차기나 주먹공격으로 상대의 중심을 흐트려트린 후에 공격하는 것이 성공할 확률을 높이는 지름길이다. 넘길 때의 각도를 잘 이해해야만 기술을 정확히 구사할 수 있다.

1_ 상대를 공격하기 전 당신은 상대의 안면에 상단차기를 구사할 수 있다.

2_ 당신은 오른발을 자연스럽게 들어서 상대를 언제든지 공격할 수 있다는 모션을 주어 상대가 뒤로 물러나게 하고 당신에게 쉽게 공격을 하지 못하도록 작전을 펼치는 것이 유리하다.

4_ 결국 당신을 승리로 이끄는 기술은 다리 잡아 넘기기이다.
그럼에도 불구하고 당신의 다리 잡아 넘기기를 더욱 효율적이며 안전하고 성공률을 높이기 위해서는 주먹테크닉을 잘 활용해야 한다. 우선 상대의 안면이나 몸통에 수기 기법을 적용하며 그 이후에 다리 잡아 넘기기를 하여 완전히 기술을 만들어 나간다.

5_ 당신이 바깥쪽 다리 잡아 넘기기를 성공시키기 위해선 적절한 자세를 유지하고 좋은 자리를 사전에 파악하여야 한다. 보는 바와 같이 허리를 숙여 당신의 머리를 상대의 허벅지나 허리춤에 단단히 밀착시켜야 한다.
오른손의 위치를 잘 파악한다. 상대의 왼쪽 오금을 잡는 것이다. 왜? 당신의 오른다리가 상대방 왼발 바깥쪽으로 들어가야 하는지에 대해서 생각해 보라!

반드시 오른발이 상대의 왼발
바깥쪽으로 빠져 나가야 한다.

6_ 왼손은 될수록 상대의 발목 근처를 잡아야 효과적으로 제압할 수 있다.
결국 상대의 다리를 쉽게 들어올리기 위해서이다.
상대의 몸통에 단단히 밀착된 당신의 머리를 다리가 들린 상대방의 빈 공간으로 힘껏 밀어붙이며 당신의 오른손은 상대가 빠져나가지 못하도록 단단히 잡아야 한다.
만약 당신의 기술이 어설프게 적용되어 상대가 남은 다리로 '폴짝' 뛰어 뒤로 도망간다 하더라도 결코 잡은 다리를 놓아주어서는 안 된다.
끈질긴 근성을 발휘하여 계속해서 도망치는 방향으로 밀어붙이며 바닥에 눕힐 수 있도록 최선을 다하라.

7_ 넘어진 상대의 발목을 잡고 있어야 한다.
대체적으로 상대의 발목을 겨드랑이에 끼고 있다면 좋은 자세를 유지하였다고 생각해도 좋다. 기술이 끝난 후에 당신은 상대에게 펀치나 발길질을 할 수 있으며 꺾기와 누르기 등의 각종 유술기를 적용할 수 있다.

안뒤축 후리기

바깥쪽 다리 잡아 넘기기에서 연결되는 콤비네이션 기법이 되겠다.
처음부터 안뒤축 후리기로 공격해도 성공률이 높은 기술이며 특히 상대의 앞차기를 잡아서 공격하는 응용기술로도 활용된다. 뿐만 아니라 상대의 옆에 붙어서 들어 메치기로 계속해서 연계될 수도 있으므로 매우 유용한 기술이라 하겠다.

1_ 바깥쪽 다리 잡아 넘기기는 실전에서 자주 사용되는 기술이며 이에 반하는 응용기술이 무수히 많다. 이에 그 중 하나를 소개하고자 한다. 상대가 완강히 버티며 저항한다면 다음과 같은 방법을 시도해 보기 바란다. 매우 좋은 공격방법일 것이다.

2_ 당신은 재빨리 상대의 허리 뒤쪽에 손을 댄다. 물론 왼손을 상대의 발목을 잡고 있어야 하며 상대의 뿌리침에 대비해야 한다.

몸전체를 상대에게 밀착시키며 옆으로 이동시킨다.

3_ 머리를 단단히 밀착시키고 오른발은 원을 그리며 상대의 오른쪽 뒤꿈치 쪽으로 후리며 뒤로 눕는다. 여기서 중요 포인트는 당신의 안면을 상대의 몸에 단단히 밀착시켜야 한다는 것이다.

4_ 체중을 상대에게 맡기고 기술을 건다.

5_ 상대를 넘기자마자 바로 다리를 빼고 좋은 포지션을 잡아 가로누르기나 세로누르기로 변환시켜 유리한 고지를 점령한다.

04_ 두 다리 잡아 넘기기

다리 잡아 넘기기 중 가장 안전하며 확실한 기술을 구사할 수 있는 테크닉으로 반드시 짚고 넘어가야 할 기법이다.

당신이 타격기보다 와술기에 기예가 있어 상대를 그라운드로 전환시켜 완전항복을 받아내고 싶다면 이보다 더 좋은 기술은 없을 것이다.

이 기술은 당신이 비록 상대보다 키가 작다거나 체중이 적게 나가는 신체적 열세에 놓여있다고 하더라도 성공률이 매우 높기 때문에 능숙한 파이터가 되고 싶다면 이번 장을 눈여겨보기 바란다.

상대와의 대치

1_ 상대 다리 쪽으로 파고 들 때는 자세를 낮추고 과감하게 돌진해야 한다.

2_ 상대가 주먹공격을 해올 때 당신은 과감히 일보 전진하며 상대의 허리 밑으로 파고 든다. 당신의 오른발이 상대의 가랑이 중간에 놓여질 수 있도록 한다. 두 손을 잡아당기며 몸으로 밀어붙인다.

그림A_ 정면 다리 잡아 넘기기를 하여 상대를 일직선상으로 바닥에 눕힌다면 당신은 상대의 가랑이 사이에 놓이게 된다.

위와 같은 기법이 나쁘다는 것이 아니다. 다만 좀 더 유리한 포지션을 얻어서 좀 더 원활한 공격을 할 수 있는 기법을 연구할 수 있다는 것이다.

그림B_ 그림A와는 달리 그림B는 상대의 가랑이 사이에서 빠져나와있다는 것을 알 수 있다.

이것은 그림A와 그림B의 기술이 전혀 다르게 작용되었다는 것을 알 수 있다. 그림A는 상대를 메친 후 가랑이 사이에서 탈출하여 좀 더 좋은 포지션을 만들어야 한다. 그러니까 다리 잡아 넘기기를 한 후에 계속된 테크닉을 따로 습득하여야 한다는 것이다. 그것은 뒤편에 와술편에 자세히 수록되어 있으니 계속해서 읽어주기 바란다.
그림B의 장면은 넘기는 순간에 상대의 다리 밖으로 탈출하는 기법이므로 2가지 테크닉을 따로따로 습득해 놓아야 한다.

3_ 상대의 다리를 잡아 몸으로 밀어붙일 때 이런 방법을 시도해 보라! 상대의 허벅지 바깥측에 당신의 오른쪽 안면을 단단히 밀착시키고 고개를 우측으로 밀어붙이며 다리를 잡은 손의 반대 방향으로 이동시킨다. 이렇게 함으로써 상대의 두 다리는 당신의 몸통 왼쪽으로 빠져나가며 쓰러질 것이다.

4_ 상대의 두 다리는 당신의 좌측 옆으로 빠져있다. 이것은 그림A와는 전혀 다른 양상이다.

5_ 쓰러진 상대를 가로누르기나 세로누르기로 제압할 수 있다.

05_ 실패 줄이기

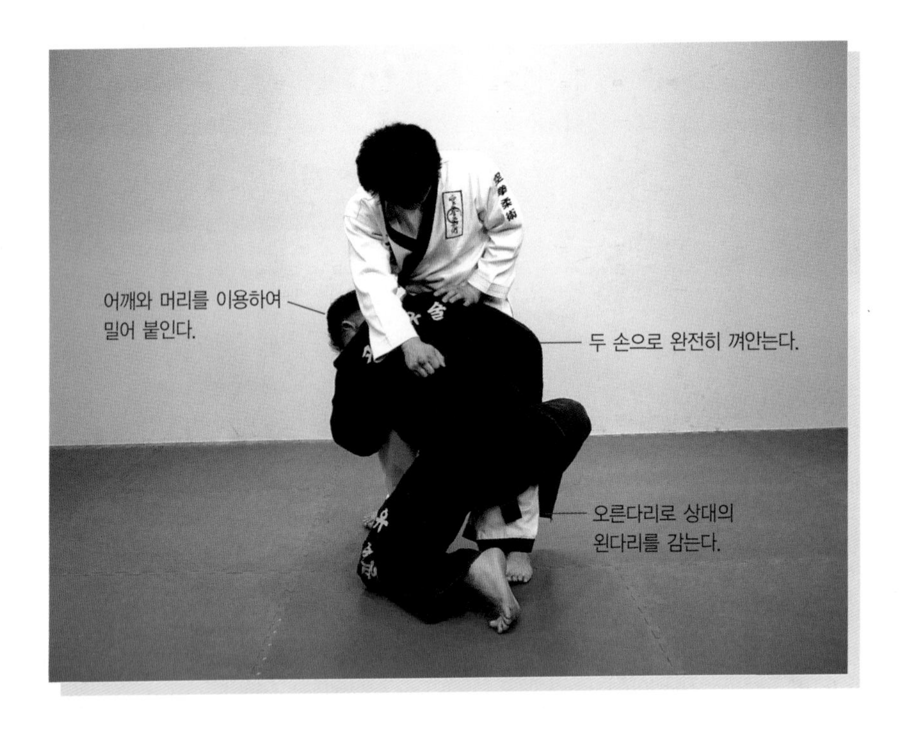

당신이 많은 연습으로 다리 잡아 넘기기를 숙련시켰다고 가정해 보자.
그리하여 그것을 실전에 사용할 때 상대의 실력에 따로 그 기술의 성공률이 다르게 나타날 수 있다. 상대의 방어능력이나 또는 자신의 실수가 그것이다.
다리 잡아 넘기기의 성공 요인은 집요한 공격과 끈질긴 승부근성에 달려있다. 결코 기술을 거는 도중에 포기해서는 안 된다.
만약 낮은 자세에서 공격 중 기술을 포기하여 일어선다면 당신은 상대의 안면타격이나 발길질에 커다란 타격을 얻을 수 있다. 또는 오히려 당신이 상대방에게 깔려 바닥에 눕혀지는 결과를 초래한다. 일단 다리 잡아 넘기기를 시도하면 무조건 상대를 바닥에 눕힌다는 전재가 깔려있어야 한다. 그러므로 후속적인 공격기법을 숙지해둘 필요가 있는 것이다.
이번 장은 다리 잡아 넘기기 후의 응용기법에 대해서 알아보고자 한다.

어깨 밀기

1_ 두 다리 태클이 들어가든 한쪽 다리 태클이 들어가든 상대의 다리를 단단히 붙잡지 못하거나 상대가 미리 기술을 알고 대비할 때 당신은 어느 쪽이든 상대의 한쪽 다리를 붙잡고 늘어져야 한다. 일단 다리를 잡으면 상대에게 바짝 다가갈 수 있도록 재빨리 움직인다.
만약 상대의 다리잡기가 불편한 거리 즉 거리가 떨어져 있다면 당신은 무릎을 이용하여 앞으로 기어나가 상대의 다리를 잡을 수 있다.

2_ 한 손은 발목 근처를 잡고 다른 한 손은 종아리를 적당히 '꽉!' 껴안고 어깨로 상대의 무릎을 밀어젖힌다.
이때 손은 당신의 몸쪽으로 잡아당겨야 하며 체중은 상대의 무릎에 완전히 실려야 한다.

주의

당신이 공격하고자 하는 상대의 다리가 왼쪽 다리인가? 오른쪽 다리인가에 따라서 손의 위치와 어깨를 미는 동작의 위치가 다르게 전개된다. 위의 그림은 상대의 왼쪽 다리를 잡은 것을 시범보인 것이다. 오른쪽 다리를 잡는다면 손과 몸의 위치가 반대가 되어야 한다.

3_ 계속해서 밀어붙인다면 상대는 무릎이 펴지고 결국 뒤로 넘어지게 된다. 그 후에는 재빨리 일어서서 공격하거나 와술기로 제압할 수 있다.

다리 잡아 덧걸이

1_ 한쪽 다리를 잡은 후에 상대의 힘이 막강하여 기술이 걸리지 않을 때 재빠른 판단력이 필요하다. 그것은 다리를 보조하여 기본적인 힘을 플러스시키는 방법이다.

2_ 상대방에게 접근하여 두 다리를 잡는다. 자세를 낮게 하고 안정된 폼이 되도록 노력한다.

3_ 오른발을 상대의 다리 바깥쪽으로 이동시켜 단단히 휘감는다.
이때 당신의 왼발은 상대의 가랑이 중간에 놓여져야 한다.

4_ 감은 다리를 뒤쪽으로 잡아당기는 것이 포인트이며 두 손으로 반드시 보조한다. 이때 몸은 전진하여 밀어붙인다.

5_ 완전히 넘어진 상대에게 어떻게 공격할 것인지를 미리 연구하고 수련해두어야 한다.

다리 감아 무릎 조이기

1_ 덧걸이 다리 잡아 넘기기를 실시한 후에 계속해서 공격하는 기법 한 가지를 소개하겠다.
물론 이외에도 수십 개의 기술이 존재한다.
일단 상대를 넘어뜨리면 그림과 같이 당신의 오른발은 상대의 바깥쪽에 자리 잡게 되고 상대의 다리를 감은 상태가 된다. 당신의 왼발의 위치를 잘 보라! 처음 기술을 걸 때와 마찬가지로 상대의 가랑이 중간에 위치하고 있다는 것을 알 수 있다.

2_ 넘겨진 상대의 다리를 왼발로 보조하여 상대의 무릎을 꺾는다. 상대가 옆으로 돌지 못하도록 단단히 껴안는다.
배를 앞으로 내밀어 허리가 휘게 하여 상대의 무릎에 더 많은 자극을 준다.

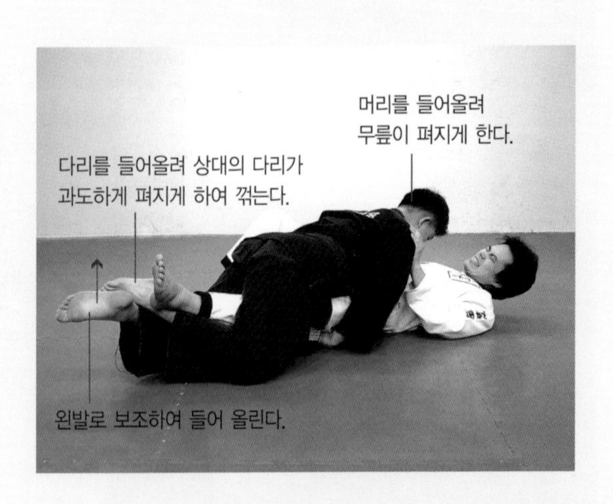

3_ 될 수 있으면 당신의 오른 발목은 상대의 발목 아킬레스건 근처에 놓여야 한다. 이것이 상대에게 더욱 치명적으로 작용한다.
왼발 또한 오른발 밑으로 들어가 상대의 다리를 들어올려 꺾일 수 있는 공간을 만든다. 다리가 들린 상대의 다리는 당신의 체중에 의해 무릎에 많은 압박을 받을 수밖에 없다.

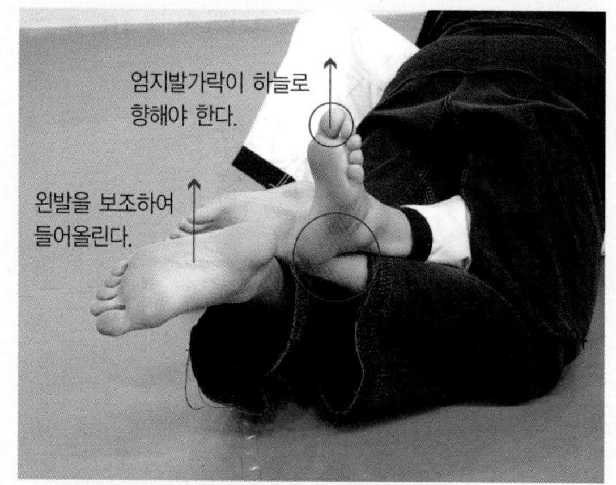

잘못된 기술

주의

만약 상대의 다리가 옆으로 돌아간다면 무릎이 꺾이지 않는다.
일단 기술이 들어가면 상대는 몸을 옆으로 돌릴 수도 반항할 수도 없다. 그러나 기술이 들어가기 전 상대는 몸을 돌려 방어할 수 있다. 이점 유의하기 바란다.

06_ 접근전의 기본 조건

어떠한 기술이든 간에 공격이 있으면 방어법이 존재한다.

당신이 능숙하게 다리 잡아 넘기기를 구사할 줄 안다고 해도 그 기술에도 약점과 허점이 있는 것이다. 마치 창과 방패 같은 원리인데 어느 것이 좋다고 말할 순 없지만 누구라도 칼을 든다면 방패를 이길 수 있다고 생각한다.

하지만 이 두 가지를 같이 가지고 있는 것이 유리하지 않을까? 이번 장에서는 공격을 하면서 동시에 방어능력을 구축하며 상대에게 접근하는 테크닉을 알아보도록 하자!

다리 잡아 넘기기를 능숙하게 하고 싶다면 처음부터 상대의 다리를 잡기위해서 들어가는 것보다 좀 더 능률적이고 확실한 방법을 강구해 보아야 한다. 그것은 일단 상대와의 접근전에 성공해야 한다는 것이다. 그 후 다리 잡아 넘기기를 실시하는데, 왜냐하면 실전의 상황은 수시로 변화되며 상대방의 파이터들도 실력이 천차만별이므로 정확한 상황판단이 승리로 이끄는 요인이 된다. 그러므로 당신은 오직 다리 잡아 넘기기뿐만 아니라 여러 종류의 메치기 기법을 습득해야 한다.

정권지르기의 허용

1_ 만약 당신이 고개를 들고 뻣뻣하게 상대의 다리를 잡으려고 들어간다면 상대는 그 찬스를 놓치지 않고 당신의 안면에 주먹을 강타할 것이다.

고개를 약간 숙인 자세

2_ 당신이 상대방에 대비하여 고개를 45도 이상 숙이고 턱을 당겨 안면을 보호하고 이마와 머리를 노출시킨다면 상대의 펀치는 인체 중 가장 단단한 뼈라 할 수 있는 부분을 가격할 수 있다. 이것으로 당신은 안면을 보호하게 되고 오히려 상대의 손가락의 탈골이나 골절상을 유발시킬 수도 있는 것이다. 이러한 자세가 더욱 유리한 것은 두말할 것도 없다.

돌려치기의 허용

3_ 그림에서 보면 펀치가 상대 얼굴의 관자놀이 부분에 명중하는 것을 볼 수 있다. 이 그림에서 잘못된 것은 "처음 다리 잡아 넘기기를 시도하려고 하는 자의 두 손은 어떻게 하고 있나?"이다. 그것은 공격과 함께 방어하면서 상대에게 접근하는 기본적 규칙을 지키지 않았기 때문이다.

다리 잡아 넘기기에서 공격자가 가장 두려운 순간은 상대의 다리를 잡기 위해서 두 손이 밑으로 내려가는 순간이다.

4_ 두 손을 단단히 커버하고 고개를 약간 숙여 접근함에도 불구하고 상대의 어퍼컷에 걸리고 만다.

※ **포인트**

그러므로 다음과 같은 사항을 반드시 숙지하도록 한다.

① 고개를 45도 가량 숙이며 상대의 행동을 주시하라.

② 주먹을 단단히 쥐고 손을 올려 커버하여 관자놀이 부분의 급소를 브로킹한다.

③ 팔꿈치를 안쪽으로 조여서 상대의 어퍼컷 공격에 대비한다.

④ 그리하여 상대의 가슴팍으로 파고들어 접근전을 시도한다.

07_ 다리 잡아 넘기기의 훈련법

다리 잡아 넘기기의 훈련법은 매우 다양하다. 일차적으로 가장 좋은 훈련법은 파트너와 호흡을 맞추어가며 실시하는 것이다. 또한 대련을 통해서도 훈련이 이루어질 수 있다. 만약 파트너가 없다면 혼자서 하는 수련을 해야 하는데 몇 가지를 소개하고자 한다. 다리 잡아 넘기기도 분명 중요한 기술이기에 자세나 힘을 필요로 한다. 다리의 근력과 상체의 근력 그리고 스피드를 키우는 훈련법이 그것이다.
필자는 제자들을 지도하면서 다리 잡아 넘기기의 중요성을 강조한다.
비록 기술이 화려하거나 멋지진 않을지언정 메치기의 가장 기본이 되기 때문이다.

자세 만들기

두 손을 올리고 자세를 낮춘다. 일단 자세가 만들어지면 다시 제자리로 돌아가 원상태로 만들고 똑같은 동작을 반복하는데 한 발을 앞으로 전진하며 연습을 실시한다.

무릎 걷기

1_ 준비자세에서 일보 전진하면서 앞으로 이동한다.

2_ 앞발의 무릎을 90도 가까이 구부리며 뒷발의 무릎이 지면에 닿을까 말까 할 것처럼 자세를 만들며 오른발 일보 전진을 시작한다.

3_ 왼발을 한 발 내딛으며 앞으로 걷는다. 마치 오리가 뛰어가는 자세와 같은데 무릎과 발목의 통증이 일어나지 않도록 정확하고 안전한 자세를 유지하도록 힘쓴다.

※ 무릎 걷기를 하는 이유?

다리 잡아 넘기기 이른바 태클이라고 부르는 이 기술은 앞으로 돌진하여 상대를 들이받으며 공격하는 기술이다. 그러므로 앞으로 나가는 추진력이 매우 중요한데 무릎걷기를 통해서 앞으로 나가는 돌진력과 올바른 자세를 확립하는 좋은 훈련법이라고 할 수 있겠다.
연습을 하면 할수록 좀 더 빠른 스텝을 만들 수 있도록 노력하고 번개같이 앞으로 돌진할 수 있는 속도를 만들도록 힘써야 한다.

고정샌드백을 이용한 훈련

왼발 오른발을 교대로 바꿔가면서 기술을 연마한다.
마치 미식축구 선수가 상대 선수에게 몸을 날려 살인적인 태클을 걸듯이 돌진하며 들이받는다. 허벅지의 근력과 허리, 목의 근육이 단련되며 순간적인 민첩성이 발달된다.

인형샌드백을 이용한 훈련

1_ 인형에게 강력한 태클을 구사할 수 있는 적당한 거리를 조정한다.

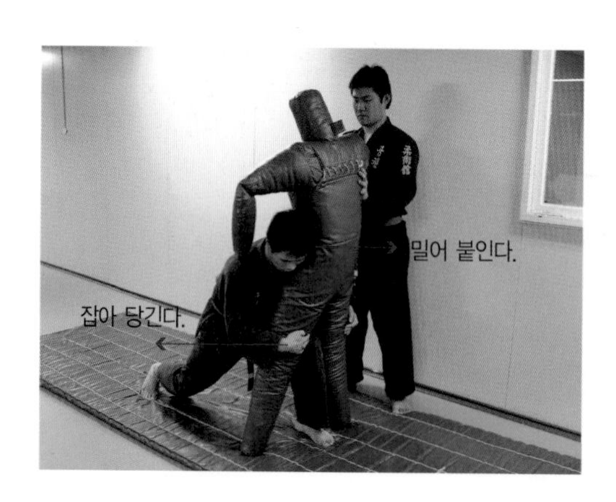

2_ 보조하고 있는 상대를 신경 쓰지 않고 인형에게 돌진하여 마치 사람에게 기술을 구사하듯이 다리나 허리를 단단히 감싸 안는다.
이때 앞으로 돌진하는 돌진력을 최대한 발휘한다.

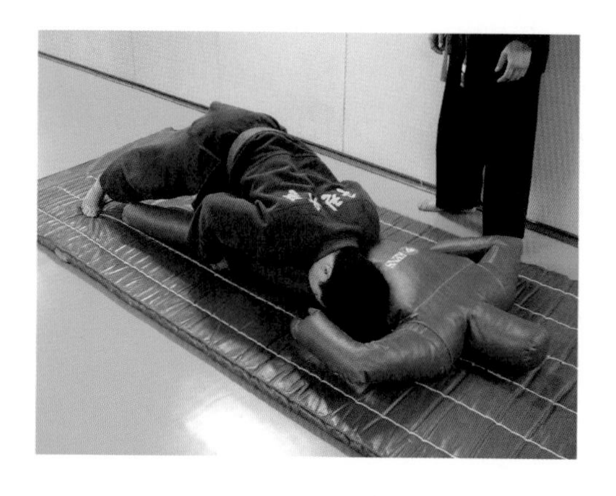

3_ 돌진을 멈추지 않고 인형과 함께 몸을 앞으로 날려 재빨리 쓰러뜨린다.

4_ 완전히 쓰러뜨리면 재빨리 배 위에 올라타는 기법이나 그 밖에 새로운 기술을 콤비네이션으로 사용하여 기술을 숙련시킨다.
이러한 방법을 계속해서 반복하고 파트너는 인형을 일으켜 세우고 잡아주는 역할을 도와준다.

인형의 모습

보조자가 인형이 쓰러지지 않게 잡아주면 파트너는 인형에게 기술을 구사한다. 인형을 이용한 수련법은 매우 안전할 뿐만 아니라 자유로운 수련을 이끌어나간다. 실제로 사람과 연습할 때는 상대의 안전을 고려하여 강력한 태클을 구사할 수 없다. 통증을 호소하며 부상을 입을 확률이 매우 높기 때문이다. 그러나 인형은 아픔을 호소하지도 않고 부상의 우려가 전혀 없다. 인형의 가격은 매우 비싼 편이지만 다리 잡아 넘기기뿐만 아니라 뒤잡아 넘기기, 들어 메치기 또는 와술 기법을 기술이 숙련된 파트너 없이 훌륭하게 소화해낼 수 있어 전문적인 와술 기법을 수련하는 도장에서는 꼭 필요한 훈련도구 중 하나이다.

강준의 무술이야기

읽거나 말거나!! (1)

〈강준의 무술이야기, 읽거나 말거나!!〉의 글들은 한국 최대 무술토탈 인터넷 사이트인 무토에 연재했던 내용들을 간추려서 구성한 것이다.

연재 당시 많은 반향을 일으켰던 이 글은 다시 무술신문인 무토 신문으로 연재되었고 그 이후 공권유술의 홈페이지에도 업데이트하였다.

글을 연재할 당시 인터넷으로 연재를 하였던 터라 그 대상은 당연히 네티즌이었다. 참고바란다.

글의 내용은 다분히 가볍고 장난스럽다.

책으로 글을 옮기면서 그 내용을 수정하여 품위 있는 단어들로 메워나갈까도 고심했었으나 많은 독자들이 읽어주었던 글들이기에 수정하지 않고 원작을 그대로 사용했다.

〈강준의 실전대련테크닉〉을 읽는 독자여러분이 사진으로 빽빽이 이루어진 교본의 내용을 보면서 지루함과 삭막함이 있을 것 같다는 생각이 들어 읽을거리를 주자는 의미로 글을 싣는다.

무술로서의 큰 의미를 찾는 무술이야기가 아니라 단순히 재미로 읽기를 당부 드리고 무술을 하는 과정의 조그마한 정보로 받아들이길 바라는 마음으로 강준의 무술이야기를 시작하고자 한다.

정권 단련과 정강이 단련

공권유술도관에서는 일 년에 4차례 정기승급심사를 치른다. 사실, 말이 승급심사지 시합이라고 해도 과언이 아닐 것이다. 심사는 토너먼트 식으로 치러지며 맨손으로 하는 것을 원칙으로 한다. 모두들 즐기며 심사에 응하는데 심사당일은 축제의 날이라고 해도 틀린 말이 아니다. 자신의 기량을 점검하고 시험하며 부족한 면을 되돌아볼 수 있다는 점에서 심사는 무술을 하는 이에게 있어서 빼놓아서는 안될 중요한 행사인 것을 당사자들 또한 잘 알고 있다.

심사가 끝나고 다음 월요일 정기수련을 평소와 마찬가지로 실시했다.

"정권 지르기!"

힘찬 기합소리와 함께 절도 있게 하는 수련생 가운데 눈에 띄는 고등학생 초급자 한 명, 정권 지르기의 폼이 화장실에 앉아 있는 것 같은 매우 엉성한 폼에 하기 싫은 심부름 억지로 하는 사람 모양으로 손을 내던지고 있었다. 가만히 뒷짐을 지고 옆으로 가보니 그 녀석의 손이 '퉁퉁' 부어있는 것이 아닌가? 따져 물었다.

"손이 왜 그 모양이냐?"

"다쳤습니다!"

"왜 다쳤냐?"

"어제 심사 보다가 잘못 쳐서 다쳤습니다."

"너는 왕년에 권투 선수생활을 했다면서? 그런데 왜 다쳤냐? 심사 때 보니까 부지런히 주먹을 날리던데 너에게 맞은 녀석은 어떠냐?"

"그 친군 멀쩡하고 내 손만 다쳤습니다."

그 말에 난 이렇게 대답했다.

"열심히 해라!! 정권 지르기……."

"……?"

위의 대화에서 우리는 무엇을 느낄 수 있을까? 뭐……. 무술을 몇 년간 수련하신 블랙벨트 여러분들이야 쉽게 알 수 있지만 이제 막 하얀 띠를 맨 초보 무술인이라면 알 것 같기도 하고 모를 것 같기도 하고 아리송하기 그지없는 대화 대목이 아닐 수 없다.

대화의 주인공이었던 학생은 무술의 정권 지르기를 이해하지 못하고 있다. 이것은 그의 대련에서 잘 나타나고 있다. 손에 부상을 입는다는 것! 이것은 말하나 마나 올바른 주먹치기가 모자란 데서 비롯된 것이 틀림없으리라. 올바른 주먹치기란 것이 '정확히 가격한다!' 라는 것을 의미하진 않는다. 이것은 각기 다른 종목의 무술의 특수성에 의해서 차이가 나타난다(공권유술 시합의 손으로 하는 수기 타격기 중 초급자는 입식에서 손으로 얼굴을 제외한 나머지 부분으로 가격할 수 있다. 물론 던지거나 쓰러트리면 슨도메 방식으로 상대의 얼굴을 가격할 수 있다).

학생은 권투 선수생활을 오랫동안 했었고 그 습관이 몸에 배어 있으며 정권 지르기에서 나타나는 특성을 파악하지 못하고 있었던 것이었다.

권투란? 주먹으로 상대의 얼굴을 비롯한 몸통을 타격하는 스포츠이지만 반드시 글러브를 손에 착용하도록 룰이 만들어져 있으며 선수들은 그 룰에 길들여져 있다. 더군다나 그들의 손엔 펀치의 강도를 높이고 부상을 방지하기 위하여 밴디지를 감고 시합에 임한다.

글러브란? 타격 시 상대 선수의 부상을 방지하기 위하여 만들어졌다고 생각하지만 대부분 자신의 손도 아울러 보호한다는 생각이 미치지 못하는 경우가 종종 있다. 즉, 권투에서 생각하는 펀치는 맨손의 타격 시, 정확도가 떨어진다면 손에 심각한 부상을 초래한다. 또한 펀치가 상대의 머리 부분이나 팔꿈치 부분에 정확히 넉클파트로 가격되었다고 하더라도 맨손이라면 오히려 부상자는 공격자가 될 수 있는 것이다. 그러니까, 무술에서의 정권 지르기 또는 돌려치기, 올려치기를 권투의 스트레이트나 훅 또는 어퍼컷으로 같이 해석해서는 안 되는 것이다.

권투의 타격은 넉클파트로 가격할 때 효과적이다. 넉클파트란 주먹을 쥐어 타격할 시 주먹이 닿는 면적이 동시에 목표물에 접촉할 때를 말한다. 반면 무술의 정권이란? 주먹을 쥐었을 때 검지와 중지의 뼈가 튀어나온 두 부분을 의미한다. 그러므로 타격법이나 타격기술이 다른 것은 당연하며 수련방법 또한 다른 것이 당연하다.

필자가 논하고 싶은 내용은 정권 단련과 정강이 단련 그리고 신체를 단련하는 여러 가지 기법과 그 방법의 전반적인 이야기이다.
무술에서 신체 단련법 중 가장 대표적인 것이 정권 단련이다.
신체단련의 수련법은 동양의 수련법이며 그 중에서도 가장 대표적인 것이 중국의 철사장 수련법이다. 이러한 수련법이 일본, 한국에 전파되었고 발전되어왔지만 아직도 옛날 수백 년 전부터 내려오던 전통기법을 대부분 고수하고 있다. 이것은 선조들의 방법이 지금의 수련방법이나 현대의 단련기법보다 효과가 좋다고 생각하는 이들이 많기 때문이다.

얼마 전 필자의 이메일에 다음과 같은 질문사항이 올라왔다.

"강준 관장님, 궁금한 것이 있어 몇 자 적어봅니다. 로우킥에서 사용되는 정강이 단련법과 정권 단련법 말입니다. 얼마 전 무에타이 홈페이지의 게시판에서 "정권 단련과 정강이 단련은 미친 짓이다."라는 글을 어느 무에타이 관장님께서 써놓은 것을 읽은 적이 있습니다. 자신은 태국에서 무에타이를 익히고 왔고 한국에서 킥복싱을 오랫동안 해 왔는데 강준 사범의 〈최강의 파이터〉라는 책을 읽고 엉터리란 생각이 들어 글을 남긴다는 말로 시작되는 글이었습니다. 게다가 그 분은 "정강이 차기가 대표적인 무에타이의 본고장, 태국에서도 병이나 둥근 나무로 정강이를 두드리거나 문지르는 것을 본 적이 없다. 정강이 차기와 펀치는 반드시 샌드백에다가 가격하면서 단련해야 하며, 단련한다는 차원이 아니라 요령이라는 것을 말해둔다. 즉각 정강이 단련과 정권 단련을 중지하라! 신체의 단련은 병신이 되는 지름길이며 심하면 뼈가 변형되고 키가 크지 않는다. 피부의 각질화만 일어나며 연골이 튀어나와서 심지어 만성신경통으로 고생한다."라는 글이었습니다. 요사이 공수도를 수련하면서 정권 단련을 하려고 했는데 매우 불안하고 무섭습니다. 누구의 말이 맞는지요?"
라는 질문이었습니다.
이와 같은 질문에 필자는 매우 당황했던 것이 사실이다. 필자가 당황했던 것은 질문자의 당돌한 질문이 아니라 '타 무술에 대한 배척과 타 무술에 대한 낮은 이해도가 제자들을 양성하는 타 종목의 일선 관장님도 상당부분 계시는구나!' 하는 생각에서였다. 그 후 이러한 논란은 계속되었고 많은 양의 질문과 비판이 쏟아졌다.
이것은 필자가 쓴 〈최강의 파이터(입문편)〉의 정강이 단련법 중 병으로 정강이를 단련하는 방법으로 인해 비롯된 것과 철사장 수련법으로 인하여 생긴 것이라고 생각한다. 어찌되었건 필자는 질문자에게 이렇게 대답했다.

"각 종목의 무술이나 스포츠에는 거기에 맞는 훈련법이 있습니다. 태권도 선수가 무에타이 선수의 훈련법을 사용하지 않고, 유도 선수가 씨름 선수의 훈련법을 사용하지 않지요. 이것은 그 무술의 특성상 생겨난 차이지요. 공권유술 또한 마찬가지입니다.
님.
권투 선수가 무술인의 정권 지르기를 보면 매우 이상하기 그지없을 겁니다. 미국에서 시작된 권투는 정권을 단련한다는 개념자체가 없습니다. 단련된 정권으로 벽돌을 격파하고 기와를 부수며 맨주먹을 사용하는 장면을 볼 때 그들은 놀랄 수가 있습니다. 그 중 누군가 태권도의 격파를 보고 "병신이 되는 지름길이다!"라고 말할 수 있지만 태권도인이라면 누구나 격파와 단련을 이해하지 않습니까? 또한 대부분의 복싱인들도 무술인의 정권 지르기 훈련법을 존중합니다. 이것은 무술인이 권투의 훈련법을 존중하는 것과 마찬가지이지요. 정강이 단련법 또한 마찬가지입니다. 무에타이에서는 거기에 맞는 수련법을 쓸 수 있으며 공권유술에서는 이것에 맞는 수련법을 쓸 수 있습니다.
일본의 몇몇 파의 공수도에서는 다께(대마무)를 세워 고정시켜 놓고 정강이를 강타하는 수련법을 쓰며(어느 자료에서 보니까 아주 사정없이 정강이를 혹사시키던데요?), 세계적인 명저인 〈fighter' s notebook〉에도 타이어 차기와 병으로 단련하는 방법이 나와 있습니다. 자신들과 다른 무술, 자신들과 다른 수련법으로 수련한다고 해서 그 수련법이 잘못되었다고 강조한다면 그것은 문제가 있지 않을까? 생각합니다.

다만 정강이를 포함한 뼈의 단련법은 반드시 뼈의 성장이 완전히 이루어진 후에 가능합니다. 즉, 부상은 수련의 방법에서 오는 것이지 결과에서 오는 것이 아니라는 겁니다. 저의 왼쪽 무릎은 비가 오면 쑤시고 저립니다. 학창시절 유도 선수 생활할 때 입은 부상 때문입니다. 업어치기를 많이 해서 생긴 부상인데 사실 따지고 보면 업어치기를 많이 해서 생긴 부상이 아니라 잘못된 자세로 많은 업어치기를 수련했기 때문이죠. 당시에는 무조건 이기는 게임을 해야 했습니다. 그것이 엘리트 체육의 특성이죠. 결국 부상은 그 기술의 동작이 아니라 잘못된 과정에서 오는 것이라고 생각합니다."
라고 대답한 적이 있다.

무술에서의 신체단련은 빼놓아서는 안될 중요한 부분이다. 현대의 무술이 서서히 스포츠화되어 고통스럽고 힘든 수련이 없어져 가고 있는 실정이라 하지만 이러한 수련으로 인하여 자신의 한계를 극복하고 단련하는 과정에서 평소에 느낄 수 없는 여러 가지 도(道)를 깨우치기도 한다.

정권 단련 시 지켜야 할 10가지 사항

① 반드시 뼈가 완전히 성장한 성인이 되어야 시작할 수 있다.

② 정권 지르기에 대한 수련을 다년간 연습한 중급 이상의 무술가만이 실시한다. 주먹의 단련이 중요한 것이 아니라 정권 지르기의 올바른 이해가 더욱 중요하다.

③ 초보자는 하루 10분, 중급자는 20분 이상 수련해서는 안 된다.

④ 매일 수련하되 며칠 빼먹었다고 해서 그것을 보충하기 위해 한꺼번에 3, 4일치를 수련해서는 안 된다.

⑤ 수련 도중 피부가 벗겨지거나 평소에 느끼지 못했던 통증이 일어난다면 즉각 중지한다.

⑥ 샌드백이나 미트치기, 허공 지르기 등과 같이 기본 수련법과 반드시 병행하며 수련한다.

⑦ 자신의 기량을 확인하기 위하여 벽돌이나 나무 같은 단단한 물체를 시험삼아 격파하지 않는다. 신체단련 후 6개월 이상부터 격파할 수 있다.

⑧ 반드시 단련대를 만들어 단련하며 여러 가지 단련도구를 준비해야 한다. 벽이나 돌과 같은 견고한 물체에 단련해서는 안 된다.

⑨ 신체단련은 매우 위험하고 정교한 수련법이므로 반드시 지도자의 정확하고 세심한 지도를 받아야 한다.

⑩ 단련대의 재질이나 내용물에 따라 수련방법이 전혀 틀릴 수가 있으며 거기에 따른 주의사항도 바뀔 수 있다. 반드시 확인하고 수련하는 지혜를 가져야 한다.

정권 단련 도중 부상을 입는 경우는 위와 같은 사항을 준수하지 않았기 때문이다. 그밖에 신체단련법도 이와 비슷하다.

제 2 강

기본 타격 테크닉

기본 타격 테크닉

공권유술은 매우 과학적이며 실용적일 뿐만 아니라 무도(武道)적 가치해석에서도 빼어남을 자랑한다.
현대 무술로서의 기능은 무술가에게 좀 더 많은 기술을 요구하며 그것에 발맞추어 공권유술의 수련생에게도 고난이도의 테크닉을 강조하고 있다. 그것은 타격기와 메치기 그리고 와술기를 동시에 수련하는 것이다. 그러나 메치기와 와술기를 실전에서 효과적으로 사용하기 위해서는 타격의 기본적 틀을 갖추어야만 한다.
어느 한 곳의 테크닉에 편중하지 않고 모두 골고루 기술을 연마한다.
만약 당신이 와술기에 뛰어난 재능이 있다고 하더라도 타격기를 외면하고서는 결코 실전에서 좋은 기술을 구사할 수 없을 것이다.
와술기의 특성은 누워서 하는 기술이니 만큼 상대를 잡아 넘기거나 메치는 기술을 연구해야 하며 그렇게 해야만 자신의 특기인 와술기법이 효과적으로 사용될 수 있기 때문이다. 여기서 간과해서는 안 될 사항이 메치기를 잘 하기 위해서는 타격기가 능숙해야 한다는 것이다.
이 기본적 타격기를 이해하고 숙련시킴으로써 당신의 와술적 기술이 효과를 발휘한다.
그러니까 타격기로 공격과 수비를 하는 와중에 상대에게 접근하여 메치기를 실시하고 그 후 넘어진 상대를 와술기로 제압하게 되는데 그러므로 가장 근본적인 타격기가 필요하다는 것이다.
결국, 실전에서 처음 대련이나 시합할 때가 아니면 일반 스트리트 파이팅을 할 때 누워서 싸움을 시작하진 않다는 것을 잘 알면서 와술기법만을 고집한다면 진정한 의미의 파이터가 될 수 없다.

01_ 정권 지르기와 안쪽 정강이 차기

다리오금의 타격은 상대의 균형을 무너뜨리기 쉽다. 뿐만 아니라 피부가 매우 연한 부분이라 피멍이 잘 드는 곳이고 여러 번을 가격당하면 다리가 풀리고 힘이 빠진다. 여기서의 공격법은 순간적인 타이밍을 잡아서 상대의 다리가 옆으로 물러나게 만드는 것이다. 무릎을 삐게 할 수도 있고 넘어뜨릴 수도 있다.

1_ 준비자세

2_ 일보 전진하며 왼발이 지면에 닿는 순간 오른손 펀치를 상대의 안면에 적중시킨다.

3_ 상대가 당신의 펀치를 방어하거나 피하거나 또는 펀치를 허용했음에도 불구하고 반격으로 오른손 펀치를 날릴 수 있다. 그러므로 당신은 상대의 움직임을 관찰하고 반사 신경적으로 반응하여 주먹공격 후 허리를 움직여 몸을 뒤로 젖히는 위빙을 해야 한다.

4_ 몸을 뒤로 젖혀서 상대의 주먹을 당신의 안면에 도달하지 못하도록 방어할 뿐만 아니라 당신은 그와 동시에 당신의 왼발 하단 킥으로 상대의 다리 안쪽의 오금을 인사이드 킥 할 수 있다.

5_ 상대는 오른손으로 공격하기 위해서 체중이 앞으로 쏠릴 것이고 왼발에 집중될 것이다. 이것에 타격을 가하면 다리가 옆으로 밀려나며 앞으로 쓰러지거나 무릎안쪽 뼈의 급소에 커다란 타격을 입게 된다.

02_ 왼손 정권 지르기와 오른발 하단 차기

1_ 상대의 대퇴부 공격은 분명 커다란 급소에 해당된다. 엉덩이 쪽의 대퇴는 가격을 해도 상대에게 커다란 치명상을 줄 수 없다. 넓적다리의 옆면이나 앞면을 가격해야 효과적인데 가장 타격을 심하게 줄 수 있는 곳은 역시 앞면 쪽이다. 상대의 공격을 옆으로 빠지며 로우킥을 구사하라!!

단번에 KO시킬 수 있는 좋은 공격법이 될 것이다.

준비자세

2_ 왼발 일보 전진하며 왼손으로 상대의 정권 지르기를 쳐넣는다. 이것은 마치 권투의 잽과 같다. 왼손치기 기법은 상대를 한방으로 KO시키기 위함이 아니다. 상대의 동태를 살피고 어떠한 반응이 나오는지 탐색하기 위함이며 이것으로 인하여 시합을 풀어나간다.

3_ 보통 잽을 사용하면 원투스트레이트를 동반한 양손치기를 원칙으로 한다. 이에 상대도 오른손 정권 지르기를 대비하여 두 손을 높이 올려 블로킹을 하며 뒤로 물러나 연속공격에 대비하게 된다.

4_ 상대가 능숙한 파이터라면 상대 또한 왼손잽으로 대응하거나 강력한 오른손 펀치를 날릴 수 있다.

5_ 상대의 펀치를 옆으로 피하며 강력한 오른발 하단 차기를 실시한다. 이러한 발차기는 대단한 위력을 지니고 있다. 상대의 주먹공격의 궤도에서 벗어나며 체중을 실어서 위에서 내리꽂듯이 강력한 발차기를 실시하라!

6_ 발차기를 허용한 상대는 대퇴부에 전기가 오는 듯한 충격를 받게 되며 다리가 마비되어 쓰러진다.

03_ 왼손 돌려치기-오른손 정권 지르기-왼발 늑골 차기

1_ 무릎 밑의 정강이 윗부분의 뼈로 공격하는 기법이다.
보통 늑골을 공격하게 되는데 갈비뼈가 심하게 흔들린다. 갈비뼈는 매우 탄력이 좋아 여간해서는 부러지거나 깨지지 않는다. 그러나 그러한 탄력성 때문에 내장기관의 간, 콩팥, 위장 같은 곳에 대단한 고통을 안겨준다. 겉에는 별 상처가 없어보이지만 속으로는 매우 심한 타격을 받는 것이고 호흡곤란과 같은 현상으로 쓰러지고 만다.

준비자세

2_ 왼발을 일보 전진하며 왼손 돌려 치기를 실시한다. 상대의 오른쪽 관자놀이를 표적으로 삼는다.

3_ 후속공격으로 오른손 정권 지르기를 실시하며 오른손이 나가자마자 바로 왼발 공격을 할 수 있도록 염두에 두어야 한다.

4_ 오른손 정권 지르기를 하게 되면 상대는 매우 가까운 위치에 놓이게 되며 상대는 당신의 연속적 주먹공격을 방어하기 위하여 두 손을 올려 커버할 것이다. 이때 강력한 정강이 차기를 상대의 오른쪽 늑골에 강타한다. 그 위력은 매우 대단하여 바로 KO될 수 있다.

04_ 왼발 기둥 받치기–오른손 정권 지르기–왼손 돌려치기–오른발 상단 차기

일명 공중제비라고 불리우는 커팅기술이다.
상대의 주먹공격을 발로 견제하거나 상대의 발차기를 사전에 미리 봉쇄하는 기술로 타격기 계통의 무술에서 흔히 사용되는 기초 기술이다.
커팅을 하게 되면 상대의 공격을 사전에 인터셉트하여 거리를 조절하거나 다음 공격을 원활하게 하는 이점이 있으며 방어자는 별다른 위험 없이 후속공격에 대응할 수도 있다.

1_ 준비자세에서 상대가 오른발 차기로 공격해 온다면 당신은 뒤로 물러서지 말고 능동적으로 대처한다.

2_ 상대의 공격을 왼발로 커팅하여 이를 저지하여 상대의 균형을 무너뜨리며 당신의 공격을 원활히 할 수 있다. 여기서 오른발보다는 왼발이 유리하게 되는데 당신의 오른발은 왼발보다 뒤에 있어서 대처할 시간이 왼발보다 떨어질 수 있기 때문이며 후속적으로 강력한 오른손 주먹 공격이나 오른발 공격이 가능하므로 왼발로의 기둥 받치기를 추천하는 바이다.

3_ 균형을 잃어 뒤로 물러서는 상대의 안면에 오른손 정권 지르기를 쳐 넣는다.

4_ 왼손 돌려치기를 하는데 앞의 기술을 콤비네이션으로 해서 한 동작으로 이루어질 수 있도록 연습해야 한다. 마치 권투 선수의 원투 스트레이트의 기법처럼 말이다.

5_ 상대와의 거리를 조절하여 강력한 오른발 상단 차기를 실시한다. 거리가 너무 가깝다면 정강이 차기를 실시하며 적당한 거리가 유지된다면 발등 차기나 찍어 차기를 하면 된다.

05_ 왼손 올려치기- 오른손 돌려치기- 왼발 무릎 차기

수기기술 중 가장 어려운 기술은 역시 어퍼컷이라고 불리는 올려치기이다. 이것은 상대가 허리를 숙여주지 않는 이상 가격할 수 있는 각도의 폭이 좁기 때문이다. 그림에서 보는 올려치기는 받아치기이다.
상대의 공격을 흘리며 받아치는 기법의 올려치기는 수기기법 중 가장 어려운 테크닉임에 틀림없다. 어느 타이밍에서 상대의 기술을 받아칠 것인가? 과감한 돌진과 좋은 눈썰미 그리고 많은 스파링의 교전으로 머리가 아닌 몸으로 체험할 수밖에는 없다.

1_ 상대의 주먹을 오른손으로 미끄러지듯이 커팅한다. 방어적인 수단이 아니라도 당신은 일보 전진하며 왼손 올려 치기를 선제공격할 수 있다.

2_ 왼손에 체중을 실어서 어퍼컷 공격을 실시한다.

3_ 그 이후 오른손 돌려치기를 실시하는데 상대의 왼팔에 걸리지 않도록 주의한다.

4_ 오른손 펀치를 가격한 후 곧바로 상대의 목덜미를 감싸 잡는다.
이때 강력한 왼발 공격을 구사하기 위하여 리듬을 타듯이 오른발과 왼발을 서로 바꾸며 동작을 실시한다.

5_ 상대의 안면이나 복부에 강력한 무릎차기를 실시하는데 잡고 있는 목덜미를 밑으로 내리면서 무릎을 올려 차는 것이 포인트이다.

06_ 왼발 앞차기-오른손 정권 지르기-왼손 옆구리 안면 더블 돌려치기-오른발 무릎 차기-왼발 상단 차기

1_ 준비자세

2_ 상대와의 거리가 중거리 이상이 된다면 왼발을 일보 전진한다. 이것은 상대와의 간격을 좁히기 위해서이다.

3_ 오른발을 끌어당기며 스탠드를 좁힌다. 왼발 차기를 수월하게 하기 위해서이다.

4_ 왼발 앞차기로 상대의 명치를 가격한다. 이때 체중의 이동은 앞으로 해야 한다. 그렇게 하는 것이 주먹공격을 하기가 용이해진다.

5_ 왼발이 지면에 닿는 순간 오른손 정권 지르기로 상대의 안면 부위를 가격한다. 목표물은 턱의 부위나 코 또는 눈과 눈 사이의 미간 부위가 된다.

6_ 왼손 돌려치기로 옆구리를 강타한다. 상대는 반응하여 오른쪽 팔꿈치를 내려 이를 커버할 수 있다.

7_ 위의 기술과 연계하여 번개같이 상대의 오른쪽 관자놀이 부분이나 턱의 부분에 돌려치기를 더블로 작렬시킨다.

8_ 오른쪽 무릎 차기를 한다. 당신의 특성에 따라 왼쪽 무릎 차기를 실시해도 무방하다.

9_ 상대가 뒤로 물러서는 공간을 이용하여 왼발 상단 차기를 실시하여 마무리한다.

올려치기와 무릎 차기는 좋은 콤비네이션 중 하나이다. 이것은 두 가지의 기술이 아주 짧은 거리에서 이루어지기 때문이다. 만약 앞차기 후에 무릎 차기로 연계되는 연결동작을 한다면 공격의 실패가 따를 것이다. 뿐만 아니라 돌려치기와 올려치기 또한 훌륭한 연결기술이다. 생각해 보라! 돌려치기 후 상단 발차기를 한다면 성공률이 높을 수 있을까? 하는 것이다.

콤비네이션을 구사할 때는 장거리의 기법과 중거리의 기법 그리고 단거리와 초단거리의 기법의 기술을 그룹을 지어서 연구하는 것이 유리하다고 할 수 있다.

거리의 개념

격투에서의 공간적 개념은 곧바로 실력으로 이어지고 고수와 하수와의 차이점으로 나타나기도 한다. 공간적 개념의 가장 대표적인 것이 거리의 개념이다.
여기에서 거리란 상대와 나와의 격투가 이루어지려고 하려는 순간부터 아주 근접한 공간에서의 거리까지를 의미한다.
그러니까, 격투를 시작하기 위해서는 상대와의 일정한 거리가 유지되어 있을 것이고 그 기술이나 기법에 의해서 또는 공격과 방어에 의해서 격투거리가 만들어지는 것이다.
거리의 개념은 크게 3가지로 나눠어진다.

3보 거리

1_ 한도 거리 : 마주선 상대와 자신과의 거리가 서로 공방을 펼쳐도 맞닿지 않을 만큼 멀리 떨어져 있는 상태로, 아직은 서로 상대의 동작을 탐색하는 단계에 머물러 있는 거리. 상대의 분위기와 기(氣)를 느낄 수 있다.

2보 거리

2_ 유도 거리 : 마주선 상태에서 어느 한 쪽이 조금이라도 움직이게 되면 바로 공방이 펼쳐질 수 있는 거리. 이 곳에서부터 작전이 이루어지고 속임수나 기본적인 탐색전이 만들어져 상응 거리로 이어진다.

3_ 상응 거리 : 공방이 벌어지기 직전의 거리. 즉, 일촉즉발의 상태에 놓여있는 거리를 말한다. 실전 타격대련은 대부분 이 거리에서 공방이 펼쳐진다.

이 모든 것을 종합해 보면 다음과 같은 거리적 공간이 확립된다. 원거리, 장거리, 중거리, 단거리, 초단거리와 같이 다섯 가지로 구분하기도 한다.

- 원거리 : 이단 옆차기, 이단 앞차기, 뛰어 무릎 차기 등
- 장거리 : 앞차기, 뒤차기, 옆차기, 다리 잡아 넘기기 등
- 중거리 : 중단 · 상단 · 하단 차기, 가위치기, 배대뒤치기 등
- 단거리 : 정권 지르기, 무릎 차기, 업어치기, 허리 후리기, 모두 걸기 등
- 초단거리 : 올려치기, 무릎 차기, 안다리 후리기, 받다리 후리기 등

상대와 대련 시 기술을 펼친다면 원거리에서부터 초단거리에 이르기까지의 기술을 구사할 것이다. 적절한 거리의 개념을 이해하고 거기에 맞는 기술을 구사해야만 빠른 무술대련의 성장을 기대할 수 있는 것이다.
만약 당신이 상대와의 공방에서 초단거리에서 사용되는 기술을 구사하며 장거리의 기술을 콤비네이션으로 엮어 공격하려 한다면 이는 매우 잘못된 기술의 조합이라 할 수 있겠다. 또는 원거리에서, 단거리에서 사용할 수 있는 기술을 구사하려 한다면 이 또한 올바른 콤비네이션으로는 거리가 멀다.
단순히 발차기를 잘하고 주먹치기를 잘한다고 실전상황에서 대련을 잘하는 것이 아니다. 또한 연습에서 메치기를 잘 한다고 실전에서 상대를 잘 메칠 수 있는 것이 아니다. 거리

의 개념을 이해하고 거기에 맞는 기술을 올바르게 구사할 때 대련의 기술은 한층 성숙하게 된다.

장거리에서 단거리로 이어지는 콤비네이션, 단거리에서 초단거리의 기술 이러한 기술의 연계는 좋은 콤비네이션을 엮을 수 있는 기초가 되는 것이다. 먼 거리에서부터 가까운 거리로 좁혀 오는 기술을 구사하여야 하는 것이다.

와술

와술이란, 누워있는 상태에서의 공격과 방어를 능란하게 구사할 수 있는 기술을 말한다.
즉, 누워있는 상대에게 펀치나 무릎 차기 또는 관절기나 조르기를 실시하여 항복을 받아내거나 치명타를 줄 수 있는 테크닉을 말한다.
와술에서 사용되는 기술은 약 5,000가지 이상으로 추정된다. 뿐만 아니라 예전의 기술은 없어지고 새로운 기술이 계속해서 생겨난다.
와술이 일어나는 경로는 다음과 같다.
손과 발을 이용한 타격전이 일어나면 접근전이 일어나며 그 후에는 크린치가 발생한다. 다음 메치기 기술을 구사하여 상대가 바닥에 넘어진다면 좌술(앉아서 공방을 하는 테크닉)로 되고 좌술에서 다시 좌식메치기가 발생되면 그때서야 와술로 이어지는 것이다. 와술에서 맨처음에 사용되어야 할 기술이 상대를 일어나지 못하도록 누르기를 실시하는 것이다. 그 후 관절기나 조르기로 이어지며 와식타격기가 가능하게 된다.
그러니까 결국 와술은 모든 기술의 맨마지막 과정이 되는 것이다.
그러나 사람들은 와술 중에서도 맨마지막 과정이 되는 관절기나 꺾기를 익히고자 하며 외우기 식의 테크닉을 암기한다.
숲을 보지 못하고 나무만 보는 우를 범하게 되는 것이다.
만약 당신이 십자꺾기를 익혔다고 가정하자.

결국 십자꺾기를 사용하여 상대를 제압하고자 할 때는 상대를 바닥에 눕혀야 한다는 것은 틀림없는 사실이다. 바닥에 눕히고자 할 때 많은 난타전이 예상된다. 그러므로 당신은 손과 발의 타격에 어느 정도 능수능란해야 된다는 것은 두말할 나위가 없다. 그 후 메치기로 이어지는 과정에서도 당신은 메치기를 소홀히 할 수 없는 것이다.

어느 한 가지 기술에 편중된다면 한쪽 팔은 길고 한쪽 팔은 아주 짧은 기형아 형태와 다름이 없다. 균등한 신체의 발달이 보기도 좋고 몸의 기능에 이상이 없듯이 당신이 어느 한 가지 기술에 편중된다면 심각히 고려해 보아야 할 것이다.

와술의 최고 장점은 그 실전적인 면에서 실증을 받은 것은 물론 상당히 재미있다는 것이다.

어린이들은 땅 위에서 뒹구는 것을 좋아한다. 성인이라고 예외가 될 수 없다. 많은 기술들을 서로의 공방과 머리싸움 그리고 응용력으로 상대에게 항복을 받아내는 기쁨과 환희는 일반인으로는 상상할 수가 없는 것이다. 뿐만 아니라 와술은 자연스런 스킨십을 통해서 유대감을 돈독히 한다. 파인플레이를 조장하고 스포츠맨십을 키운다.

상대에게 상처를 주지 않는다는 장점이 있다. 만약 꺾기나 조르기의 기술에 걸린다면 항복을 선언하고 다시 대련을 즐기면 된다.

즐거운 무술, 행복한 무술 그리고 즐기는 무술을 지향하는 것이 필자가 추구하는 와술이다.

왜? 누르기를 하면 상대는 꼼짝 못할까?

본격적인 와술 강의로 들어가기 전에 한 가지 짚고 넘어가야 할 이야기가 있다.

와술에서의 가장 중요하며 기초가 되는 누르기를 많은 이들이 소홀히 생각하고 본격적인 꺾기나 조르기와 같은 기술을 숙련하고 싶어한다.

그러나 막상 상대를 꺾거나 조르기를 습득한 후에 정작 그것을 실전에서 사용할 수 없음을 알게 된다. 바로 기초의 부족과 누르기에 대한 이해부족에서 비롯된다.
꺾거나 조르기 또는 넘어진 상대를 계속해서 타격하여 데미지를 주기위해서는 누르기가 얼마나 중요한 것인가를 인식해야 한다.
당신이 아무리 와술에서의 꺾기나 조르기가 능숙하다고 하더라도 상대가 금방 빠져나와 버린다면 당신의 기술은 통하지 않는다.
와술에서 일어나는 어떠한 기술이라고 하더라도 일단 상대를 누르기로 제압한 후에 기술이 연계된다. 물론 누르기 자체도 매우 중요한 기술 중에 하나라는 것을 간과해서는 안 된다.
다음의 그림을 보자!

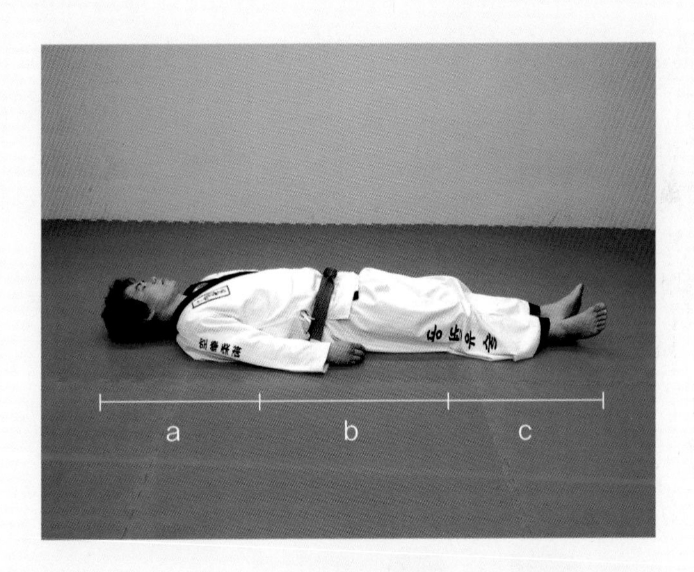

그림에서 보면 누워있는 사람을 a, b, c로 모두 3등분해서 표시해 놓은 것을 볼 수 있다. 머리에서부터 가슴까지를 a로 표기하고 가슴부터 무릎 위까지를 b라고 가정하며 무릎 위에서부터 발끝까지 c라고 볼 때, 상대를 일어나지 못하게 하기 위해서는 어느 부위를 제압해야 할까? 하는 문제를 제기해 본다.

그림A_ 발쪽에서 누르기

만약 당신이 그림과 같이 c부분을 껴안고 제압했다고 가정했을 경우 다음과 같은 경우가 발생한다.

그림B

그림에서 보는 바와 같이 다리를 아무리 제압한다고 해도 상체를 일으켜 세우면 금방 빠져나올 수 있다. 그러므로 인체의 c부분을 제압해서는 누르기가 성립되지 않는다는 것을 알 수 있다.

그림C_ 가운데에서 누르기

그렇다면 b부분을 누르는 경우는 어떠한가? 보기에도 c부분을 누르는 경우보다는 매우 안정적인 자세라고 생각될 것이다.
하지만 상대가 몸을 움직여 팔을 땅에 짚고 일어나기는 어렵지 않다. 그러므로 누워있는 사람의 a부분을 누르기로 제압해야 한다.

그림D_ 상체를 누르기

누르기를 시도할 때는 체중을 상대에게 대부분 가중시켜야 한다. 물론 체중이 무거우면 무거울수록 유리하겠지만 올바른 누르기를 실시하게 되면 체중이 적게 나가는 사람이라도 체중이 많이 나가는 사람을 충분히 제압할 수 있는 것이다.
그림의 상태를 자세히 관찰해 주기 바란다. 상대가 일어나기 위해선 상체를 세워야 한다. 다리를 위로 올려 봐야 등이 지면에 있으므로 빠져나갈 수 있는 공간이 성립되지 않는다.
누워있는 사람이 일어서는 과정을 보면 다음과 같다.

누운 자세-앉는 자세-서는 자세

즉 일어서기 위해선 앉는 자세를 거쳐야 하는데 그림에서는 상체를 일으킬 수 없으므로 앉는 자세가 불가능하게 되어 제압당하는 것이다.
그러면 다음과 같은 경로의 일어서는 자세는 어떨까?

누운 자세-몸을 돌려 무릎을 꿇는 자세-서는 자세

당신은 누어 있다가 일어설 때 어떻게 일어나는가? 반듯하게 누워 있다가 윗몸 일으키기를 하듯이 앉은 다음 손을 짚고 일어서는가?
꼭! 그렇지만은 않을 것이다.누워있는 자세에서 몸을 돌려 옆으로 하고 두 손을 땅바닥을 짚어 무릎을 꿇고 일어날 수도 있다.

1_ 상대의 고개를 손바닥 전체로 돌려놓고 체중으로 압박하면 상대는 당신의 몸쪽으로 고개를 돌릴 수 없으며 이어서 몸도 돌릴 수가 없게 된다. 하지만 반대로는 몸을 돌릴 수 있게 되어 일어날 수 있다.
또는 상대의 고개를 반대로 돌린다면 방향만 틀릴 뿐이지 똑같은 상황이 이루어질 것이다.

2_ 그렇다면 이러한 상황은 어떠한가? 고개와 어깨를 완전히 제압당해 몸을 좌우로 돌릴 수가 없게 된다.
그러므로 몸을 돌려서 일어나는 현상이 미연에 방지하게 되는 것이다.

이상적인 누르기

세로누르기의 그림이다.

밑에 있는 사람의 a부분을 제압하여 상대가 일어날 수 없게 조치하였으며 상대의 왼쪽 어깨를 체중으로 눌러 몸을 오른쪽으로 돌리는 것을 방지하였으며 두 손으로 목과 겨드랑이를 감싸 잡아 눌러 몸을 왼쪽으로 돌려 빠져나가는 것을 예방하였다. 이것으로 누르기가 성립되는 것이다.

모든 누르기는 이와 같은 원리로 이루어지게 때문에 누르기의 원리를 이해하고 와술에 접근해야 한다.

제 3 강

곁누르기에서의 기법

곁누르기

위의 그림은 가장 완벽한 형태의 곁누르기이다. 여기서 완벽한 형태의 곁누르기란 그 기술이 가장 훌륭한 형태라는 이야기가 아니다. 다만 상대가 빠져나올 수 없는 상태를 말하며 곁누르기의 정석을 말하는 것이다. 누르기란 어찌되었건 상대를 제압하여 그 다음 후속공격을 유리하게 할 수 있는 자세를 잡기 위함이다.

기술이 견고하게 들어가면 가장 빠져나오기 힘든 굳히기 중에 하나가 곁누르기라고 할 수 있다. 상대의 한쪽 팔을 완전히 제압하여 움직임을 봉쇄하고 유리한 위치에서의 공격이 가능하다. 그밖에도 여러 가지의 곁누르기가 있다.

아래의 그림에서 보는 바와 같이 상대의 손이 겨드랑이에서 빠져 나와 있는 것을 볼 수 있다. 이럴 경우 겨드랑이에 끼워져 있는 것보다 상대의 움직임이 많을 수 있으며 그만큼 탈출할 가능성이 높다. 하지만 상대의 손을 꺾을 수 있는 찬스도 많이 생긴다. 실전에서는 여러 가지 상황이 만들어진다.
그것에 맞는 기법의 테크닉을 연습해 두도록 하자!

그림A

똑같은 곁누르기지만 굳히기를 실시하는 공격자의 손이 상대의 겨드랑이에 들어가 있다는 것을 알 수 있다. 상대의 손은 겨드랑이에 끼워져 있는 상태이다. 당신의 손이 상대의 겨드랑이에 끼워진 상태에서 일부로 손을 빼려고 노력할 필요는 없다.
이 자세 또한 한 가지 형태의 곁누르기로 얼마든지 공격기술을 발휘하여 상대를 제압할 수 있는 것이다.

그림B

그림C

가장 불안정한 상태의 곁누르기로 상대가 조금만 와술을 접해본 사람이라면 언제라도 빠져나올 수 있는 자세이다. 상대의 두 손은 자유롭고 몸을 움직인다면 공격자의 자세는 흐트러진다. 마치 프로레슬링에서 헤드락을 하는 자세인데 몸을 빠르게 움직여 세로누르기나 가로누르기로 변환해서 다음 후속공격의 찬스를 잡아야 한다. 물론 이러한 자세에서 상대를 공격하여 데미지를 주거나 항복을 받아내는 기술들이 많이 있다. 그러나 당신이 유술의 초보자라면 이와 같은 자세로 오랫동안 있는 것은 그다지 권장하고 싶지 않다.

01_ 팔꿈치 타격

누르기에서 타격으로 변환할 때는 균형이 매우 중요하다. 또한 곁누르기에서의 타격은 타격 도중 상대방이 순간적으로 빠져나올 수 있는 찬스를 제공하기도 한다. 팔꿈치로 위에서 아래로 가격한다는 것은 상대의 머리가 바닥에 있고 위에서 치는 힘과 아래에서 받는 힘이 플러스 알파가 된다는 것이다. 당연히 상대가 받는 충격 또한 배가 되는 것이다. 연속적인 공격으로 결국 실신할 수도 있다.

상대를 타격하기 위해서는 한 손으로만 상대를 잡고 있어야 하는 상태가 되므로 손을 움직이는 동작으로 자세가 흐트러지기 때문이다.

그러므로 좀 더 정확한 체중의 이동이 필요하다.

1_ 기본 곁누르기에서 손을 빼서 타격으로 전환해도 좋은지 동태를 살피며, 팔뚝으로 상대의 기도를 압박한다.

2_ 상대가 통증으로 고개를 돌리거나 팔을 밀어 팔뚝을 치우려고 할 때 다리 자세를 안정되게 하여 타격 찬스를 잡는다.

3_ 관자놀이, 안면, 턱과 같이 예민한 급소를 연속적으로 타격한다.

02_ 무릎 안면 타격

타격 테크닉과 연계되는 꺾기나 조르기 기법을 연구해 두면 더욱 효과적으로 상대를 제압할 수 있다. 단 한번의 타격으로 공격을 끝내지 말고 연속적으로 공격을 하도록 한다. 무릎 안면 타격에서 다음에 소개될 겨드랑이 십자꺾기로 이어지는 콤비네이션을 추천한다. 매우 효과적인 공격법으로 궁합이 잘 맞는 콤비네이션이라고 할 수 있다.

손바닥 앞으로 누른다.

1_ 손을 빼서 상대의 옆머리를 잡는다.

겉누르기 자세에서 오른발을 왼발 밑으로 통과시키고 왼발은 오른발 위로 교차시킨다.

2_ 옆머리를 누르며 왼발로 타격하는데 이때 당신의 오른발을 뒤로 이동시키는 요령이 필요하다. 만약 오른발을 뒤로 이동시키지 않는다면 공격자의 균형이 무너지며 뒤로 넘어지는 현상이 일어날 수 있다.

3_ 오른발이 뒤로 이동되며 왼쪽 무릎으로 상대의 안면을 강타할 수 있는 공간이 만들어진다. 이때 몸을 뒤로 젖혀서 허리의 탄력을 얻어낼 수 있으며 더 많은 공간을 확보하여 많은 데미지를 줄 수 있다.

03_ 겨드랑이 십자꺾기

매우 위험하면서 어려운 기술이다. 일단 상대가 이 기술에 걸리면 팔이 탈골되는 부상을 면치 못할 것이다.

이 기술 중에 가장 중요한 포인트는 겯누르기에서 꺾기로 들어가는 과정이다. 중간 동작이 매우 부드럽고 신속하게 전개되어야 한다. 또한 상대의 팔이 돌아가서 관절의 팔꿈치가 위로 향한다면 이 기술은 효과를 발휘할 수 없다. 만약 기술 도중 상대의 팔이 꺾이지 않는다면 다른 후속공격을 위해 연계되는 기술을 알아둘 필요가 있다.

무릎 안면 타격 기법과 연계하여 사용하면 실전에서 효력을 발휘할 수 있다.

이 기술에서의 가장 중요한 포인트는 왼손의 적절한 이용이다. 첫번째는 손바닥 전체로 상대의 팔꿈치를 감싸 잡아야 하는 것이고 두번째는 상대의 얼굴에 다리를 걸 때 오른손의 역할이다. 좀 더 안정된 자세를 잡기 위해서 오른손은 땅바닥을 짚어 균형을 유지한다.

1_ 정확한 곁누르기에서 오른발을 뒤로 이동시키면서 균형을 잡는다. 이때 오른손바닥을 땅바닥에 밀착시켜서 상대의 반항에 대비한다.

2_ 완전히 무릎을 꿇고 팔꿈치를 잡아당겨 손의 수도 부분이나 팔뚝 전체로 상대의 목을 눌러 제압한다. 반드시 당신의 팔꿈치가 당신의 몸쪽으로 오게 만들며 미끄러지듯이 상대의 목을 타고 기도를 압박한다.

이때 겨드랑이에 끼워진 상대의 손을 단단히 조인다.

최대한 몸무게를 실어서 상대가 상체를 세우지 못하도록 노력한다.

상대의 움직임은 당신의 팔에 의해서 컨트롤 당한다. 왼쪽 발을 상대의 얼굴에 건다.

3_ 발이 완전히 올라가기 전에는 제압하고 있는 당신의 손을 떼지 말아야 한다.

※중요포인트
자칫 연습도중 탈골할 수 있는 위험이 있으니 반드시 오른손을 땅에 짚고 동작을 행한다.

4_ 오른 무릎을 세워서 보다 견고한 자세를 만든다.

그림A

그림B

그림C

만약 그림A와 같이 상대의 팔이 돌아간다면 꺾기에서 실패한 것이다.
이때는 그림B와 같이 상대의 팔을 잡아당기며 겨드랑이에서 손을 빼내어 상대의 머리 쪽으로 눕는다. 그 후 몸을 바로 하여 그림C와 같이 일반적인 십자꺾기 기술을 구사해야 한다.

04_ 겨드랑이에서 손목 눌러 꺾기

상대가 당신의 곁누르기를 빠져나오기 위해서 겨드랑이에서 손을 빼려할 때 사용하는 기법이다.
이러한 기법은 오히려 조이고 있는 겨드랑이를 느슨하게 하여 상대로 하여금 일부로 손을 빼게끔 함정을 파놓고 기다리는 격이다.
곁누르기를 탈출하기 위해선 첫번째 방법이 겨드랑이 속에 끼워진 팔을 빼어 느슨하게 하는 것이다. 이러한 점을 역으로 이용하는 고단수의 수법이라 할 수 있다.

1_ 곁누르기로 상대방을 제압하고 겨드랑이에 끼워진 팔꿈치에 손바닥으로 보조하며 겨드랑이를 느슨하게 한다.

2_ 상대가 손을 빼려할 때 손목 부근에서 빠져나가지 못하도록 겨드랑이를 조인다.

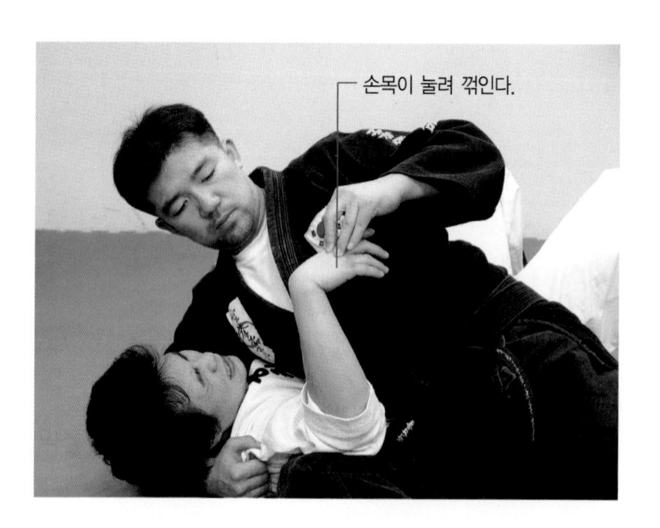

3_ 손목이 꺾이는 원리는 다음과 같다. 공격자의 체중에 의해서 손목이 눌리고 그 힘에 의해서 손목이 제압된다. 일단 손목이 눌려 꺾이게 되면 빠져나갈 방도는 없다.

05_ 팔 얽어 목 당겨 꺾기

상대의 팔꿈치를 고정시키고 이어서 목을 당겨 꺾는 기술로 와술에서는 보편적으로 사용되는 기법이다. 언뜻 보기에는 팔꿈치에 충격이 갈 것 같지만 사실은 어깨가 빠지는 부상을 입을 수 있다.

1_ 상대의 팔을 잡고 머리를 숙여 당신의 다리와의 간격을 좁힌다.

2_ 그 후 몸을 일으켜 세우며 왼쪽 무릎을 세운다.

3_ 오른쪽 다리를 높이 들어올려 상대의 왼쪽 팔에 건다. 상대의 팔을 힘으로 누르려고 하지 마라! 그것보다는 당신의 다리를 들어올려 기술을 거는 것이 훨씬 쉽다.

4_ 다리가 걸리면 오른쪽 오금에 왼발을 끼우고 바닥에 밀착시킨다.

5_ 목을 당겨 꺾기를 시도한다. 이때 손가락 그립을 사용하여 상대의 머리 윗부분에 대고 당기기를 실시하라. 훨씬 많은 압박을 받을 수 있다.

06_ 팔 펴 눌러 꺾기

관절을 눌러 압박하여 꺾는 기술로 정확한 자세가 중요하다.
팔 얽어 목 당겨 꺾기와 콤비네이션으로 사용하기 용이하며 단시간에 상대의 탭을 유도해 낼 수 있다. 처음 이 기술을 연습할 때는 꺾이는 각도에 대해서 이해를 못하는 부분이 있다. 매우 어려워하는데 지렛대의 원리로 상대의 중관절 밑으로 들어가는 받침대 역할을 하는 오른발의 역할이 중요하다.

1_ 팔 얽어 목 당겨 꺾기를 시도하려 할 때 상대는 이를 힘으로 저지할 것이다.

2_ 이 기술은 상대의 팔을 펴서 중관절을 눌러 꺾는 기법이다. 그러므로 상대는 완강히 저항할 것이다. 당신은 이것을 팔의 힘으로 펴서 완력으로 제압해서는 기술을 구사하기 힘들다는 것을 알 수 있을 것이다. 왼발의 오금에 상대의 손목 윗부분을 걸어 단단히 고정시킨 후 팔이 펴질 수 있도록 보조한다.

3_ 발을 잡아당겨 완전히 펴지게 하고 중관절이 꺾이는 각도를 좋게 만든다.

4_ 오른다리와 왼다리를 상방향과 하방향으로 엇갈리게 비튼다.

5_ 만약 기술이 얇게 들어갔다든지, 상대가 완강히 저항하며 빠져나가려 든다면 계속해서 조르기를 시도할 수 있다.

07_ 가로 누워 목 당겨 꺾기

이 기술은 얼마나 신속하게 동작을 실행하느냐에 성공여부가 달려있다. 생각보다 적은 힘으로 상대의 항복을 받아낼 수 있는 기술로 뒷목을 꺾을 수 있는 정확한 각도만 맞출 수 있다면 누구나 쉽게 이 기술을 행할 수 있다. 와술은 여러 가지의 기술로 대련을 실시하는 테크닉 위주의 무술 중 하나이다. 한 가지 기술만을 고집하기보다는 다양한 종류의 기술을 체득하여 기술을 구사하는 것이 무력증대의 효과를 볼 수 있다.

1_ 완벽한 곁누르기를 실시한다.

2_ 몸을 돌려 왼손으로 상대의 오금에 손을 넣는다. 무릎을 세우고 등이 완전히 상대의 배에 닿을 수 있도록 한다.

3_ 목을 감은 손과 다리를 감은 손을 자신의 허벅지 안쪽에 놓이게 한다. 될 수 있는 한 무릎 근처로 손바닥이 가게 만든다. 훨씬 큰 각도로 상대의 목을 압박할 것이다.

4_ 두 다리를 보조하여 팔을 오므리면 상대는 고개가 숙여지며 압박을 받아 목 꺾기가 성공한다.

08_ 팔 삼각 조르기

팔 전체로 상대의 목을 압박하여 기절시키는 테크닉으로 힘을 동반하는 체력이 있어야 유리하다. 정확한 각도를 맞춰야 하며 좋은 위치 점령을 먼저 가져야 한다.
팔을 조이는 힘이 골고루 퍼질 수 있도록 신경 써야 한다. 특히 이 기술은 상대가 빠져나가기 위해서 손을 당신의 턱부분에 가져갔을 때 사용하기 용이하다.
정확한 기술이 들어간다면 당신의 승리로 끝을 맺을 것이다.

1_ 곁누르기로 상대를 제압할 때 상대는 빠져나가기 위해서 팔뚝으로 당신의 얼굴을 밀어 젖힐 수 있다.

2_ 몸을 약간 뒤로 하며 당신의 왼손으로 상대의 팔꿈치를 밀어 옆으로 빠지게 한다.

손바닥 그립을 사용한다.

3_ 팔이 옆으로 빠지면 상대의 팔이 제자리로 오기 전에 신속한 동작으로 당신의 얼굴로 통로를 막아야 한다.

4_ 고개를 돌리고 체중을 옮기면서 몸을 상대의 머리 쪽으로 이동시킨다. 이때 손바닥 그립을 사용한다. 이 자체로 상대는 조르기에 걸리게 된다.

5_ 만약 상대가 덩치가 크고 목이 굵은 사람이라면 좀 더 확실한 조르기가 필요할 것이다.
손바닥 그립에서 오른손을 왼팔의 이두근에 가져다댄다.

6_ 왼손바닥을 상대의 이마에 대고 몸을 틀어서 세로누르기 자세로 바꾸며 조르기를 실시한다. 반드시 상대의 팔을 턱으로 눌러주어서 목 전체에 압박을 주어야 한다.

09_ 무릎 조이기

상대가 곁누르기를 탈출하기 위해서 방어하고 있는 당신의 다리 사이에 다리를 집어 넣을 수 있다. 상대의 역습을 제 역습하는 기술로 뜻하지 않는 공격에 상대는 매우 당황해 할 것이다. 상대는 손목, 팔의 중관절 또는 어깨가 꺾이지 않도록 최선을 다해서 방어하며 곁누르기에서 탈출하기 위해서 안간힘을 쓴다. 그러나 당신의 기술은 전혀 엉뚱한 곳에서 효과를 발휘한다.
상대의 무릎관절을 꺾는 테크닉으로 게임을 마무리 지을 수 있다.

1_ 곁누르기 장면에서 상대가 탈출하기 위하여 다리를 가랑이 사이에 집어넣는다면…….

2_ 당신은 기회를 엿봐서 몸을 숙이며 가랑이 사이에 들어온 상대의 다리를 잡는다.

3_ 두 손으로 단단히 껴안고 상대의 다리를 자신의 몸에 밀착시킨다.

4_ 왼발 위에 오른발을 올려놓고 종아리 부분을 상대의 엉덩이 부분에 밀착시키고 무릎과 무릎 사이를 오므려 다리가 빠지지 않도록 조인다.

5_ 두 발을 지렛대 삼아 몸을 뒤로 젖히면 상대의 무릎이 꺾이게 된다. 꺾이는 각도가 매우 중요한 기술이다. 상대의 발가락이 당신의 등 쪽을 향하도록 해야 하며 당신이 생각했던 것보다 좀 더 깊숙이 들어가서 다리를 껴안아야 한다.

10_ 좌식에서 곁누르기 만들기

1_ 그림에서와 같이 맞잡기로 대치한다.

2_ 오른발을 세워 상대의 옆으로 반보 전진한다.

3_ 왼팔은 잡아당기고 목뒤를 잡고 있는 오른손은 당신의 좌측으로 돌리며 팔 전체로 감기 시작한다.

4_ 오른무릎을 가라앉히며 왼무릎을 세운다.

5_ 상대가 넘어지기 시작하면 오른발과 왼발의 위치를 서로 바꾸기 시작한다.

6_ 상대가 넘어지면 머리 쪽을 잡아당겨 오른무릎을 상대의 어깨 밑으로 집어넣는다. 이렇게 해야만이 상대의 움직임이 적어 탈출하기 어렵게 된다.

7_ 곁누르기로 완전히 제압한다.

11_ 곁누르기 탈출법

브릿지 나오기

1_ 왼손으로 상대의 허리띠를 깊숙이 잡고 왼손과 겨드랑이에 힘을 준다.

2_ 몸을 상대방과 약간 떨어지게 자리잡고 두 무릎을 세워 브릿지를 하기 편하도록 만든다.

3_ 브릿지를 하면서 허리띠를 당신의 왼쪽 편으로 당긴다. 이때 겨드랑이에 끼워진 오른손에도 힘을 주어 상체를 돌리기 시작한다.

4_ 상대를 넘길 때는 당신의 머리 위쪽으로 넘긴다는 느낌을 가져야 한다.

5_ 완전히 돌아 당신의 왼쪽 편으로 떨어지게 되면 탈출은 성공한 것이다.

6_ 역으로 겨드랑이 곁누르기를 실시하여 제압한다.

목깃 잡아 발 걸어 나오기

1_ 두 무릎을 세우고 왼발을 힘차게 들어올린다.

2_ 가랑이 사이에 손을 넣어서 왼손으로 상대의 목깃을 잡는다.

3_ 상체를 앞으로 세우며 왼발을 힘차게 내린다. 이때의 반동을 이용하여 왼손과 오른손을 힘차게 밀어낸다.

4_ 상대가 뒤로 넘어지게 되면 상대의 등이 지면에 닿기 전에 오른발을 빼어내어 안정된 자세를 만든다.

5_ 자세를 바꾸어 역으로 누르기를 실시한다.

12_ 발목 걸어 나오기

1_ 두 손으로 상대의 턱을 밀어 올린다.

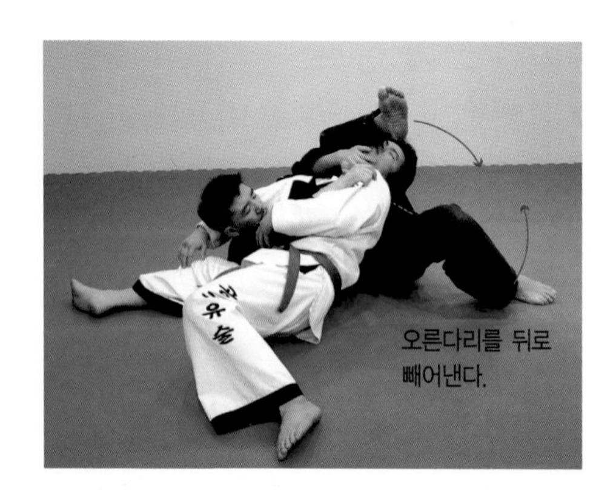

2_ 상대의 허리가 세워지면 그와 동시에 당신의 왼발을 올려 상대의 얼굴에 걸어 내린다.

3_ 상대는 허리가 젖혀지고 뒤로 쓰러지게 된다. 상대의 등이 지면에 닿기 전에 당신의 오른다리를 빼어낸다.

4_ 상대의 두 손은 당신의 머리를 감아 헤드락을 한 상태가 놓여질 것이다. 두 무릎을 꿇어서 상대를 누르기로 마무리 한다.

발목 걸어 나오기에서 십자꺾기로 변환

1_ 두 손을 상대의 얼굴에 대고 힘차게 밀어붙이며 고개를 든다면 당신의 머리를 감은 두 손은 풀어지게 된다.

체중을 실어 손바닥으로 누른다.

2_ 오른손으로 상대의 오른팔을 감싸안는다.

3_ 왼손은 계속해서 밀어붙이며 왼쪽 다리를 상대의 얼굴에 건다.

4_ 오른무릎을 세우며 뒤로 누우면 왼발 십자꺾기가 성립된다.

몸 돌려 나오기

1_ 왼손으로 상대의 턱을 밀어 고개가 돌아가게 한다.

2_ 두 다리를 올려 왼쪽 편으로 기울어지게 만든다.
이것은 두 다리의 힘을 이용하여 팔을 빼기 위한 사전 공작이 된다.

3_ 다리를 반대편으로 이동시키면서 허리를 비틀어 돌려 나오기를 실시하는데 몸을 돌리면서 팔을 동시에 빼내야 한다.

4_ 이윽고 팔이 빠진다면 당신은 상대의 등뒤 쪽으로 자리 잡게 된다. 대단히 유리한 자세로 상대를 공격할 수 있다.

강준의 무술이야기

읽거나 말거나!! (2)

〈칼권과 주전자〉

필자는 12세의 나이에 '팔광류 유술'이라는 무술에 처음 입문하게 되었다. 요사이 공권유술과 브라질리언 주짓추로 인하여 유술이란 것이 많이 알려졌지만 당시만 해도 유술이라 하면 매우 생소한 단어였다. 더군다나 도장의 간판은 '유술'이라는 글의 간판이 아니라 '야와라(柔)'라고 하는 일본말을 직접 올렸으니 일반 사람들이 아무리 훌륭한 무술이라 손치더라도 그것이 무엇을 하는 무술인줄 몰라서 못하는 경우가 허다했다.

당시에 '유술회(柔術會)'라는 모임이 있었는데(지금도 서울의 왕십리에는 유술회가 있어 매달 모임을 가지고 있다) 필자의 아버지 또한 이 유술회의 회원이다. 필자가 무술을 하게 된 계기도 아버지의 영향이 컸으며 도장의 관장님과 아버지와의 친분관계가 직접적으로 원인이 되었다.

도장의 관원이 많지 않은 관계로 유술회가 돈을 기부하여 도장을 꾸려 나갔다. 그러므로 팔광류 유술(八光流 柔術)을 배우고자 하는 수련생은 모두 무료로 입관하여 수련할 수 있었던 것이었다.

당시 '야와라'를 지도하는 사범님이 몇 분 계셨다. 그 분들은 모두 자신만이 할 수 있는 독특한 기술을 개발하여 수련하였고 그것을 특기로 삼고 있었다(현대에는 일괄적인 기술과 일괄적인 프로그램으로 테크닉을 지도하지만 예전에는 수련자의 신체조건이나 성격을 참작하여 특기를 개발시키는 방향의 수련을 실시했다).

오늘은 당시의 사범님들의 수련법과 신체단련법을 이야기하고자 한다.

강00 사범님은 부산에서 '야와라' 를 수련하신 분이셨는데 그 분의 스승, 복00 관장님이 서울의 본관의 도장을 소개시켜주어 수련 지도하게 되었다. 그 분의 특기는 칼권이었다.

처음 그 분이 하는 기술이 칼권이라는 말을 듣고 나는 요절복통, 박장대소(拍掌大笑)했다. "칼권? 히히히히!!" 정말 촌스럽기 그지없는 기술이라고 생각했고 언뜻 생각해도 조잡하고 사이비성이 짙은 기술이라는 느낌을 받았다.

여러분은 그렇지 않은가? 칼권? 히히히!!

하지만, 하지만 말이다!! 사람이 말로만 듣고 느낌으로만 사람을 판단해서는 안 된다는 것을 어린 나이에 깨달은 바 있다.

도장건물의 옥탑방에서 그가 손끝 관수로 주전자를 꾀뚫던 일은 지금도 어제의 일과 같이 생생히 기억된다. 눈이 '보슬보슬' 내리던 겨울 어느 날, 나는 사촌동생과 도장문을 들어섰다. 방학 때가 되면 으레 아침 일찍 도장에 가서 선배님이나 형들에게 점심도 얻어먹고 기술도 배우며 하루하루를 보내고 있었다.

옥상의 옥탑방에는 이조교가 숙식하며 기거하고 있었다.

어릴 때는 왜 그리 형들이나 사범님 하는 말들이 재미있었을까? 우리는 그들의 말에 귀를 기울였다. 방안에는 여러 가지 잡지들이 널려 있었고 치다가 만 화투장도 이불 위로 돌아다녔다. 코인으로 감겨져 있는 전기난로 위로 주전자가 있었는데……. 몇 명의 사범님이 대낮부터 얼큰히 취해있었다.

"이 조교, 물 좀 줘라!"

강 사범님 말씀이시다.

주전자를 받아든 강 사범님이 컵에 물을 붓다 말고 이 조교에게 주전자를 잡고 있으라고 했다.

우리는 소주안주로 먹던 새우깡으로 손이 가며 그들의 행동을 호기심어린 눈으로 바라보고 있었다.

주전자는 학교 급식에서 사용되는 것 같은 커다란 노란주전자였다.

"퍽!!!"

그의 관수가 주전자를 뚫고 정권마디까지 들어갔다.
그것을 본 나와 사촌동생은 벌어진 입을 다물지 못했다.
주전자 옆구리로 쏟아지는 물을 받느라 정신 없는 사람들 사이에서도 난 나의 신음 소리를 스스로 확인할 수 있었다.
"으~ 정말 칼권이다!"
그 사건은 나에게 있어서 신선한 충격이었다.
주전자만 보면 그 분이 생각났다.
며칠 후 강 사범님을 만났는데……. 잉? 손에 붕대를 감고 있었다.
손을 다쳤구나~! 직감할 수 있었다.
분명 손가락이 몇 개는 부러졌으리라. 히히!
이 조교에게 물었다.
"손가락이 몇 개나 부러졌어요?"
"부러진 게 아니라 데인 거다!!"
"????"
"펄펄 끓는 주전자를 손으로 쑤신 것 아니겠냐?"
"--;;"
그 후 강 사범님이 MBC '묘기대행진', KBS '나의 비밀은?' 등과 같은 각종 오락프로그램에서 주전자 쑤시는 장면을 종종 볼 수 있었다.
강 사범님의 수련법을 알아보자.
그 분은 성격이 불같고 다혈질인 것은 물론이거니와 그 수련법 또한 매우 이상야릇했다. 손끝으로 물구나무를 서는데……. 방법은 다음과 같다.
우선 목공소에 가서 자신의 손을 본뜬 후 정사각형의 나무에 손 모양과 똑같은 틀을 만든다. 이것은 손가락이 좌우로 틀어지지 않게 하는 방법이며 손가락이 꺾여져 탈골이 되는 것을 사전에 방지하는 방법이기도 하다. 마치 도토리의 깍정이와 같이 꼭 맞는 상태에서 수도로 팔굽혀펴기를 하고 그 후에 그것이 능수능란하게 되면 물구나무도 설 수 있다는 것이다.

실제로 그 분의 손을 보면 경악을 금치 못한다. 가운데 손가락의 마디는 기형처럼 커져 있어서 마치 어린아이 손목처럼 두껍게 되었으며 손끝은 굳은살로 가득하다.
언뜻 들리는 그들의 대화를 들어보자!!
"먼저 복날 산으로 개를 끌고 가서 막 된장을 바르려고 하는데, 박 사범이 관수 찌르기를 해보라고 해서 배를 팍~! 쑤셔 보았는데 손목까지 들어가대?"
"돼지나 소를 찔러보고 싶은 생각은 안 드냐?"
"소 주인이 지랄해서 그렇지 한번 쑤시고 싶은 생각도 들지만 아직까지도 사람을 못 찔러봐서……."
농이라도 정말 무서운 대화가 아닐 수 없다.
분명 강 사범님의 칼권은 대단한 위력이다.
하지만 아직까지 그 분에게 칼권을 전수받고 싶다는 생각이 없는 것은 왜 일까?

〈관수 찌르기 단련법〉

① 양동이에 메주콩이나 팥 등 딱딱한 곡물을 넣고 관수로 찌르기와 빼기를 반복한다(수련이 어느 정도 완성되면 콩으론 청국장을 띄우거나 팥으론 찐빵을 만들어 먹을 수 있다.^^).

② 찌를 때 손목 이상으로 찌르는 것을 삼가고 반드시 손톱을 깎고 실시하는데 이는 손톱이 갈라지는 부상을 방지하기 위해서이다. 그래도 손톱이 갈라진다면 누이 동생의 쓰다 남은 매니큐어를 두껍게 칠하라! 손톱을 보호하는 데 있어서 효과적이다.

③ 수련 시 콩이 양동이 바깥으로 튀어나가지 않게 하기 위해서는 양동이에 내용물을 반쯤 담는 요령이 필요하다. 수련하고 며칠 후 내용물이 조금씩 줄어든다면 콩이 밖으로 튀어나가서 분실했음을 알아야 한다.--^

④ 당신이 이러한 과정을 몇 개월 동안 완성한다면 톱밥이나 모래를 넣고 수련할 수 있다. 고수들은 때때로 양철양동이에 왕모래를 넣고 전체를 불에 달군다. 그 후 모래가 뜨거워지면 관수로 넣었다 뺐다를 반복하는데 매우 위험한 수련법이다. 실제로 예전 도장의 선배가 이런 고수의 수련법을 흉내 내다가 손가락의 피부가 '훌러덩' 벗겨지는 부상을 본 적이 있다(그때 도대체 얼마나 쓰라릴까? 라고 생각했었다).

〈주의사항〉

① 당신이 관수단련을 오래 하여 그것에 문리(文理)가 났다 하더라도 주전자를 쑤시거나 개나 고양이와 같은 살아 있는 동물을 함부로 쑤셔서는 안 된다. 이는 당신이 동물을 다치게 할 확률보다도 개나 고양이에게 물리거나 할퀼 확률이 훨씬 높을 수 있기 때문이다.

② 수기를 단련할 때 전문가의 입장에서 당신에게 조언하고 싶다. 만약 당신이 결혼하지 않는 총각이라면 정권 단련이나 수도 또는 관수 단련을 심각하게 고려해 볼 필요가 있다. 필자는 현재 9개월간 정권 단련이나 그밖에 수기단련을 중단한 상태이다. 이유는 필자의 나이가 35세에 달하는 노총각이라는 데 있다. 맞선이나 소개팅을 나가게 되면 보통 커피숍이나 호텔 레스토랑에서 아가씨를 만나게 된다. 이때 커피에 설탕을 타게 될 때 상대방은 자연스럽게 나의 손을 보게 되는데 '깜짝!' 놀라는 표정이 역력하다. 굳은살이 올라온 무식한 정권, 거친 손가락에 처음 무술인을 대하는 여자의 심정을 헤아려 보란 말이다? -_-;;

* 필자는 요사이 아침에 세수할 때 두 손을 뜨끈한 물에 불려 '이태리 타올' 이나 '수세미' 로 굳은살을 문질러 벗겨 낸다. 그리하여 나의 손은 동사무소 공무원같이 매우 부드러운 손이 되었다. 또한 베이비로션을 바르고 자면 최고의 효과를 볼 수 있다는 사실도 알게 되었다.

제 4 강

뒤곁누르기에서의 기법

뒤곁누르기

보기에는 허술해 보여도 일단 뒤곁누르기에 걸리면 빠져나오기가 매우 힘들다.

처음 기술을 보는 이는 금방이라도 빠져나올 수 있다는 자신감에 차있을 것이다. 그러나 막상 이 기술에 걸려보면 자신감은 사라지고 매우 당황될 것이다.

뒤곁누르기는 와술에 있어서 상대의 공격을 방어하는 기법 중에 으뜸으로 친다. 정확한 뒤곁누르기를 이번 기회에 마스터하도록 하자!

그 밖에 뒤곁누르기

그림A

보통의 뒤곁누르기와 달리 상대의 오른손이 빠져있으며 공격자는 상대의 왼쪽 허벅지를 잡고 있다. 이것은 상대의 무릎공격을 방어하는 차원에서 뿐만 아니라 오르기를 쉽게 할 수도 있다. 여기서 주의할 점은 상대의 오른주먹 공격을 방어하기 위해서 재빨리 원하는 공격을 끝내야 한다는 것이다. 장기적으로 누르기를 하면 오히려 공격자가 불리해질 수도 있다.

상대의 머리 위쪽으로 붙어있으며 상체를 눌러 완전히 제압한다.
왼손으론 상대의 허리띠를 잡는다. 오른쪽 겨드랑이에 끼워진 상대의 팔이 빠지지 않도록 하며 온몸의 힘을 한 군데로 편중되지 않도록 골고루 분배한다.

그림B

01_ 칠리(七理)안과 허벅지 치기

칠리(七理)안이란, 상대의 중관절을 과도하게 펴서 꺾는 기술로 한문의 열십자(十)모양을 일컫는 말이다. 만약 서있는 상대를 이러한 상태로 만든다면 상대는 앉을 수도 누울 수도 없이 반항하지 못하는 상태가 된다. 일명 연행술로도 유명한데, 이러한 모습으로 7리를 끌고갈 수 있다하여 붙여진 이름이다.
공권유술에서는 팔 십자꺾기로도 불리운다.

1_ 칠리안의 테크닉에서 주의할 점은 뒤곁누르기 자세에서 상대의 오른손이 빠지지 않도록 겨드랑이를 힘껏 조이는 것이다.

2_ 당신의 오른손을 상대의 중관절 깊숙이 넣고 왼손으로 상대의 오른손목을 잡는다.

3_ 일단 상대의 손목을 잡았다면 기술은 반정도 성공한 것이다. 재빠른 속도로 몸을 틀어 완벽한 자세가 될 수 있도록 당신의 등을 상대의 몸통 위쪽에 놓이게 하고 팔을 얽는다.

4_ 몸을 편안하게 변환하며 상대의 중관절을 꺾는다.

그림A

그림B

그림A-오른손으로 상대의 허벅지를 강타한다. 단 한방의 펀치만을 날리지 마라! 상대가 당신의 펀치에 괴로워하더라도 연속적인 펀치가 중요하다. 만약 당신의 펀치로 상대가 괴로운 나머지 다리를 쭉 편다면 당신은 재빨리 오르기를 할 수 있을 것이다.

그림B-오른손으로 상대의 무릎부분의 도복을 움켜잡는다. 이것은 상대가 무릎을 올리거나 내리지를 못하게 하며 상대의 무릎을 당신이 컨트롤하기 위해서이다. 그 이후 당신은 안정감 있는 자세로 상대의 허벅지를 무릎으로 강타할 수 있다. 상대가 고통스러워 하더라도 타격을 멈추지 마라. 타격을 멈추는 시기는 상대가 패배를 시인한 이후여야 한다.

02_ 무릎 조이기

기습적인 상대의 공격으로 재빨리 기술을 만들어낸다.

상대가 무릎 조이기의 기술을 사전에 예측한다면 이 기술은 무용지물이 된다. 기술을 행하기 전에 허벅지 치기나 팔 꺾기 같은 몇 가지 기술을 페인트로 실시하고 찬스가 오면 무릎 조이기를 할 수 있다.

1_ 뒤결누르기 자세에서 균형을 잡으며 왼발을 상대의 가랑이 사이에 넣는다. 이때는 상대의 오른팔이 빠지지 않게 한다.

이때가 가장 중요한데 당신의 다리를 상대의 가랑이 사이에 넣는 순간 당신은 균형유지가 흔들릴 수 있기 때문이다. 몸을 완전히 뒤로 눕히고 상대가 일어나지 못하도록 컨트롤 해야 한다. 뿐만 아니라 당신의 오른발은 넓게 벌려서 상대가 몸을 좌우로 돌리는 것을 예방한다.

2_ 오른발로 균형을 유지하고 왼발 등의 안쪽의 발목을 'ㄱ' 자 모양으로 구부려서 상대의 발목 부근이나 종아리 부분을 들어올린다. 이 동작은 매우 신속하게 해야 한다.

3_ 상대를 제어하고 있던 오른손을 놓고 재빨리 상대의 다리를 잡는다.

4_ 두 다리를 크로스 시켜서 지지대를 형성케 하고 상대가 발을 심하게 움직여 빠져나가지 못하게 한다.

5_ 완전히 껴안은 후 무릎 조이기를 실시한다.

03_ 발목 얽어 비틀기

상대의 발목에 타격을 주는 기술이다.
포인트는 발가락 전체를 감싸 잡아 발목을 얽어 과도하게 펴지게 하는 것이다. 안정된 자세로 상대가 발을 빼지 못하도록 하고 정확한 기술을 구사하라! 기습적인 공격에 상대의 항복을 받아낼 수 있을 것이다.

1_ 방어자의 발목을 앞쪽에서 당겨 잡는다.

2_ 발을 잡아당기며 몸을 옆으로 이동시키고 재빨리 왼손으로 발등에서부터 발가락 전체를 감싸 잡는다.

3_ 발목을 얽으며 자세를 잡는다. 상대의 무릎이 완전히 펴져서는 안 된다. 'ㄱ' 자가 되도록 하게 하며 빠져나가지 못하게 두 손을 단단히 조이며 발목 얽어 꺾기를 시도한다.

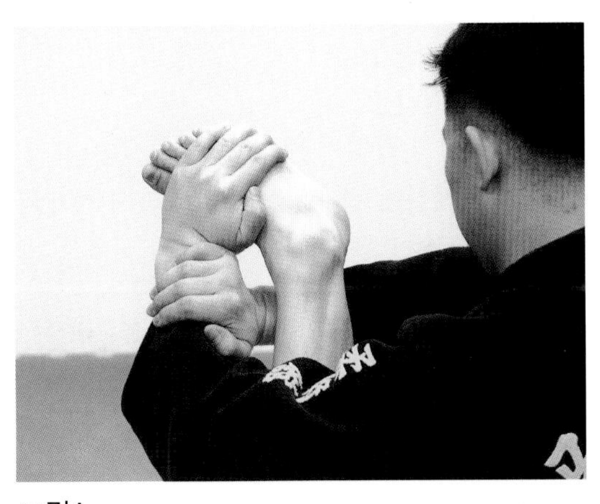

그림A

손의 모양을 확대한 사진

04_ 발목 비틀기

일어서는 동작이 중요하다.
뒤곁누르기에서 얼마나 빠른 동작으로 일어서 상대의 발을 잡아 발목 비틀기를 할 수 있냐에 따라서 기술을 구사하는 자에게 유리하게 게임이 전개되느냐 불리하게 전개되느냐가 결정된다. 시험적인 기술을 자주 구사하는 것이 실전에서 창의적인 기술을 구사하여 승리로 이끄는 원동력이 된다.

1_ 왼손으로는 상대의 무릎 옷자락을 잡고 오른손으로는 발목을 잡으며 당긴다.

2_ 몸을 돌려 일어서기 시작한다.

3_ 오른무릎을 상대의 가랑이 사이에 넣어서 균형을 잡으며 컨트롤한다.

4_ 상대의 뒤꿈치가 당신의 팔오금 사이에 단단히 끼워지고 빠지지 않도록 하는데 이때 상대의 무릎이 45도 이상의 각도로 구부러지게 만들어야 한다.

5_ 뒤로 누우며 왼발을 상대의 배 위에 올려 지지대를 형성하도록 하고 몸과 팔을 이용하여 발목을 비틀어 꺾는다.

05_ 정면 위누르기로의 변환

오르기는 왜 하는 것일까? 와술에서 가장 좋은 포지션은 바로 상대의 배 위에 올라타 있는 자세인 정면 위누르기이다. 이 자세는 상대의 안면에 무차별한 주먹공격을 할 수 있는 자세이다. 뿐만 아니라 다양한 관절기와 조르기가 존재하고 상대가 몸을 돌려 거북이 자세로 변환하였을 때 대치하기가 가장 편하다고 할 수 있다.
많은 유술인들이 이러한 정면 위누르기를 선호하고 있다. 상대에게 항복을 받아낼 수 있는 확률이 더욱 높기 때문이다.
상대의 배 위에 오르는 것이 뭐가 힘들까? 하는 이들도 있겠지만 오르기는 고도의 기술을 필요로 한다.
밑에 수비자는 최선을 다해서 상대가 배 위에 오르는 것을 방어할 것이다. 이러한 것을 요령껏 방어하며 정면 위누르기로 변환하는 기술들에 대해서 알아보도록 하자!

일반 오르기

밑의 그림은 일반 오르기의 대표적인 동작이다.

1_ 뒤곁누르기 자세에서 오른쪽 다리를 상대의 다리 너머로 올린다.

2_ 당신의 오른쪽 발목을 낫모양처럼 만들어 상대의 다리에 걸어 지지대를 만들어 좀 더 오르기 수월하게 만든다.

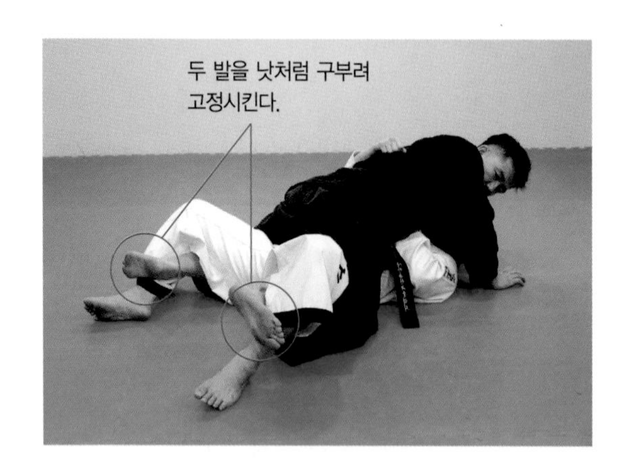

3_ 균형을 잡으면서 몸을 돌려 배 위에 오르는 자세를 만든다.

4_ 두 다리를 상대의 다리에 걸고 한 손으로 상대의 머리를 감싸안고 다른 한 손으로는 바닥에 지지대를 만들어 상대가 움직이지 못하도록 한다.

일반적인 누르기를 하게 되면 밑에 있는 사람은 방어를 하게 된다. 일단 정면 위누르기에 걸리게 되면 매우 불리하게 작용되므로 상대는 최선을 다해서 방어할 것이다. 다음과 같은 상황이 전개될 것이다.

그림A

공격자는 다리를 들어 상대의 배 위에 오를 수 있도록 시도한다.

그림B

밑에 있는 사람은 이를 저지하기 위하여 다리를 높이 들거나 무릎을 세워 방어한다. 이것으로써 공격자는 상대의 배 위로 오르기가 매우 곤란해졌다는 것을 알 수 있다.

손으로 누르고 오르기

1_ 오른손으로 상대의 무릎 쪽의 도복을 움켜잡는다. 만약 상대가 도복을 입지 않았다면 손바닥 전체로 무릎이나 허벅지를 누를 수 있다.
이렇게 하는 이유는 앞에서 설명한 바와 같이 상대가 다리를 들어 방어하는 것을 저지하기 위함이다.

2_ 반드시 무릎을 접고 무릎의 끝이 먼저 상대의 배 위로 올라가게 한다. 결코 발이 먼저 올라가서는 안 된다.

3_ 무릎이 땅에 닿게 되면 일단 몸을 바르게 한다.

4_ 그 후 발을 빼서 정면 위누르기를 실시한다.

발 당겨 오르기

1_ 상대는 무릎을 올려 오르기를 방어할 수 있다. 좁은 공간 사이로 무릎 넣기가 매우 힘들어진다. 뿐만 아니라 상대가 발을 꼬아 손으로 지지대를 만들었으므로 당신의 손으로 상대의 발을 밑으로 내리기가 불가능하게 되었다.

2_ 안정된 자세에서 자신의 발등 전체를 잡아당긴다.

3_ 좁은 공간 사이로 발을 밀어 집어넣는다.

4_ 발 밀어 넣기에 성공한다면 정면 위누르기의 자세를 잡는다.

다리 가랑이 넣어 오르기

1_ 상대가 발을 올려 오르기를 방어할 때 당신은 상대의 발목 부근을 잡을 수 있다.

2_ 상대의 발을 잡아당기면 상대의 발이 상하로 벌어지며 공간이 생기는데 이 사이로 당신의 다리를 집어넣는다. 이때 왼손은 계속해서 상대의 허리띠를 단단히 움켜잡고 있어야 한다.

3_ 다리를 집어넣게 되면 상대는 다리가 꼬이게 되며 허리 또한 뒤틀리게 된다. 상대가 돌아서 등이 위로 보는 자세가 되지 않도록 상대의 오른쪽 어깨를 힘으로 제어한다.

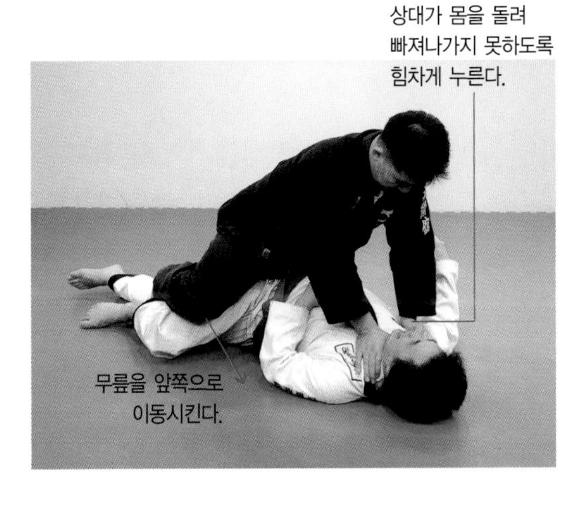

4_ 오른손으로 보조하며 먼저 무릎을 밖으로 빼내어 땅에 닿게 한다. 사진 속의 필자는 독자로 하여금 손의 동작을 보여주기 위해서 몸을 세웠다. 될 수 있으면 몸을 낮추어 정확한 누르기를 시도하고 상대가 몸을 돌려 빠져나가지 못하도록 어깨를 제압해야 한다.

5_ 그 후 발을 당겨 발을 빼내어 정면 위누르기를 만든다.

좌식에서 뒤곁누르기 만들기

1_ 맞잡기의 자세에서 상대가 오른손으로 당신의 겨드랑이 사이로 손을 넣거나 또는 당신이 능동적으로 기술을 행할 수 있다.

2_ 왼손으로 상대의 팔을 잡고 오른손을 상대 머리 너머로 원을 그리며 계속해서 돌려 상대의 상박근 전체를 당신의 오른쪽 겨드랑이에 감싸 끼운다.

3_ 이러한 동작을 한 동작으로 하면 상대는 당신의 등 뒤에 있는 자세가 된다. 물론 이때까지도 당신의 겨드랑이 사이에 상대의 팔이 끼워진 상태가 된다.

4_ 이후에도 계속해서 몸을 회전시켜 상대를 옆으로 돌려 넘어뜨린다.

5_ 넘어뜨린 후 자세를 잡게 되면 상대의 팔뚝은 여전히 당신의 겨드랑이에 놓이게 되고 정확히 뒤곁누르기 자세로 제압당하게 된다.

강준의 무술이야기

읽거나 말거나!!(3)

〈무시무시한 앞차기〉

계륵(鷄肋)…….

닭계(鷄) 자에다가 설라무네. 갈비륵(肋)이다. 여러분은 이 말이 무슨 말인지 아시는가?

혹자는 "저 놈이 닭갈비는 역시 춘천닭갈비가 맛있다! 라는 말을 하려고 하는가?" 하는 생각을 가질 수 있지만 천만에 말씀이라는 것을 미리 밝힌다. 이 말은 삼국지연의 〈후한서(後漢書)〉, 〈양수전(楊修傳)〉에 나오는 말로, 위(魏)나라 조조(曹操)와 촉(蜀)나라 유비(劉備)가 한중(漢中) 땅을 놓고 싸울 때, 조조가 진격이냐 후퇴냐 결정을 내릴 수 없는 곤경에 빠져 있었을 때 사용된 말이다. 부하 한 사람이 내일의 일을 묻고자 밤늦게 조조를 찾아가니 조조가 다만 계륵(鷄肋)이라고만 할 뿐 아무 말이 없었다.

부하는 그대로 돌아와 계륵이 무슨 뜻이냐고 막료들과 의논을 하는데 아무도 무슨 말인지 이해를 못하는 가운데 단지 주부(主簿)로 있는 양수(楊修)만이 조조의 속마음을 알아차리고 내일은 철수명령이 내릴테니 준비를 하라는 것이었다. '부계륵 식지즉무소득 기지즉여가석 공귀계결의 (夫鷄肋 食之則無所得 棄之則如可惜 公歸計決矣)." 그의 해석은 "닭의 갈비는 먹음직한 살은 없지만 그대로 버리기는 아까운 것이다." 결국 이 곳을 버리기는 아깝지만 대단한 땅은 아니라는 뜻이니 버리고 돌아갈 결정이 내릴 것이다라는 것이었다." 이 말은 적중하여 다음날 철수명령이 내려졌다. 필자가 알기론 양수는 잘난 척하며 계륵이란 말을 조조 앞에서 해명하다가 칼로 목을 베이고 말았느니 항상 입이 말썽이니라.

필자가 이 말을 꺼낸 것은 무술에 입문해서 가장 처음 배우는 공격법인 앞차기에 대해서 말하고자 함이다. 사람들이 생각하길 앞차기야말로 계륵이다!라고 생각할 수 있다. 이것은 그 발차기의 내용이 너무나 단순하고 습득이 용이하다는 데에 있다.

태권도 시합의 발차기 중 80~90%가 앞돌려차기로 이루어지고, 앞차기는 한 경기에 한 번, 두 번 나올까말까 하는 사실로 미루어볼 때 우리들이 앞차기를 얼마나 장기판에 졸(卒)로 평가하는지에 대해서도 알 수 있지 않은가? 그러나 일선도장에서는 앞차기연습의 비중을 앞 돌려차기나 내려찍기와 같이 똑같이 두어 수련하고 있다. 참으로 아이러니컬 하지 않을 수 없다.

필자의 타격기 특기는 앞차기다. 앞차기를 죽어라 연습하게 된 계기는 물론 '유술관(柔術館)' 에 입문하고 부터이다. 필자는 무술을 수련한 지 2년이 넘어서야 '앞차기야말로 무시무시한 기술이다.' 라고 깨달았으며 그 후로 앞차기에 많은 비중을 두어 수련을 해왔다. 물론 지금도 앞차기의 실전성을 침이 튀도록 후배들이나 제자들에게 강조한다.

앞차기는 주먹과 콤비네이션을 이룰 때 비로소 그 진가가 발휘된다. 앞차기는 중단차기를 원칙으로 하고 주먹은 얼굴을 가격하게 되면 손과 발이 조화를 이루어 번개같은 공격이 이루어진다.

여러분의 이해를 돕고자 앞차기에 대한 일화를 소개하고자 한다.

필자가 유단자가 된 시기는 유술을 처음 시작하고 난 2년 후이다.

도장에는 최OO 사범님이란 분이 계셨는데 이 분이 연습하는 광경을 목격하노라면 하루 온종일 샌드백에다가 앞차기를 쉴 새 없이 해대는 것이었다. 마치 앞차기에 한이 맺힌 사람처럼 말이다. 그렇다고 앞차기의 강도를 높여서 세게 차냐? 그렇지도 않다. 다만 몇 시간동안 매일같이 샌드백에다가 빠르고 정확하게 앞차기를 실시하였다. 그리곤 집으로 돌아간다. 세상에……. 옆에서 보기에도 지겨웠다. 그러니 당사자는 얼마나 심심할까? 라는 생각을 어린나이에 한 적이 있었다.

한 번은 옆에 앉아서 그 분이 1시간에 몇 번의 발차기를 샌드백에다가 가격하나 궁금하여 숫자를 세고 있었는데 그것이 너무나 지루하고 어찌나 졸리든지 도중에 포기하고 도장의 귀퉁이에서 잠을 잔 적도 있었다.

언젠가는 여러 명의 사범이 저녁수련시간에 참석한 적이 있어 대련을 하게 되었는데 이상하게도 모두들 최OO 사범님과는 대련하길 꺼려했다. 참으로 이상했다. 칼권의 도사, 공중돌려차기의 달인, 메치기 선수 등, 내놓아라 하는 기술의 소유자들이 어찌하여 앞차기만을 연습하는 최 사범님과의 대련을 꺼려할까? 하는 의구심이 들었다. 나는 몇 달이 지나 심사 때가 되어서야 왜 다른 사범님들이 그토록 최 사범님과의 대련을 기피하였는지 그 이유를 알게 되었다.

당시에 승급기준은 띠로 판단되었고, 파란띠, 빨간띠 그리고 검은띠 모두 3단계였으며 심사는 3개월마다 한번씩 치러졌다. 필자는 파란띠에서 빨간띠로 올라갈 때 2번을 심사에서 낙방하였고 빨간띠에서 검은띠로 올라갈 때 3번을 낙방하는 기록을 세우기도 했다. --^

내가 검은띠 심사에 합격하는 심사를 치르던 그때를 어찌 잊을 수 있으랴…….

많은 유술회 회원이 심사를 치렀고 도장의 내부에는 많은 손님들이 자리를 함께했다. 이날은 유단자뿐만이 아니라 사범님들 모두 나와 심사에 참가하고 자신의 기량을 뽐내는 자리였다. 여러 가지 현란한 기술들을 연무하고 마지막으로 대련이 실시되었다. 처음 최 사범님이 호명되었고 다음 유단자 중에 한 사람이 호명되었는데 마치 얼굴이 백지장처럼 하얗게 되더니 나중에는 무릎을 '덜덜' 떠는 것을 볼 수 있었다.

"주운비이~~ 시작!"

관장님의 말씀이 끝나기가 무섭게 최 사범의 앞차기 공격이 시작되었고 검은띠의 상대는 상대의 공격을 막기 위하여 무릎을 들어 방어했다. 잉? 그런데 이게 어찌된 일인가? 무릎을 들어 방어한 자가 바닥에 '떼굴떼굴' 굴러다니며 사람 살리라고 '고래고래' 소리를 지르는 것이 아닌가?
그의 정강이뼈에 최 사범님의 앞차기가 걸렸던 것이었다. 정강이뼈가 붓기 시작했다(뼈도 붓는다는 사실을 그때 첨 알았다.) 대련 시작한지 3초만에 일이다. 도장 안은 찬물을 끼얹는 듯이 조용했다. 난 그것이 어찌된 영문인지도 모르고 심사를 마치게 되었고 그 후 그 일에 대해서는 신경 쓰지 않게 되었다.
얼마 후 처음 도장의 옥상에서 정권단련대를 발견하게 되었는데……. 어라? 정권단련대의 위치가 어린이었던 내가 보아도 너무 낮게 달려있다고 생각이 되었고 이러한 것이 옥상 꼭대기에 설치되어 있다는 사실도 우습게 보였으나 그다지 신경 쓰지 않았다. 사무실의 소파에 앉아서 낮잠을 자던 최 사범님의 발을 보기 전엔 말이다.
때는 한여름, 도장 문을 들어서자 의자에 앉아 발을 책상에 올려놓고 골아 떨어져 있는 최 사범님이 눈에 들어왔다. 평소에 신경 쓰지 않았던 최 사범님의 발바닥……. 처음으로 그 발을 목격한 필자. 그 충격!! 필자는 당시를 이렇게 표현한다. 경악! 그렇다! 경악! 그 자체다. 곰의 발바닥도 그리 무식하지는 않으리라. 누군가 발만 보여주고 "이것이 어떤 짐승의 발이게~?"라고 수수께끼를 낸다면 십중팔구는 고릴라의 그것이나, 처음 보는 짐승의 발이라 모른다고 대답한다는 것이 필자의 소견이다. 읽거나 말거나…….
앞차기는 족기로 타격하게 되는 기술이다. 그러므로 상대를 가격하기 위해선 발가락을 '훌러덩' 뒤로 뒤집는 요령이 필요하며 반드시 족기 부위로 타격해야 한다. 그분의 발은 족기 부위가 아예 없다. 이것을 어떻게 설명하나?
그러니까 다시 말하면 발 전체가 족기 부위라고 말할 수 있다. 언제나 발가락이 뒤로 젖혀져 있으며 살 부위가 문드러져 주먹만하게 변형되어있고 발의 3분의 2가 족기이다. '툭' 튀어나와있는 족기는 온통 굳은살투성이이며 그가 왜? 구두를 신고 다니는 것을 한번도 본 적이 없는지에 대해서도 의문이 풀렸다.
그의 강력한 앞차기를 모두들 이구동성으로 이렇게 이야기한다. "최 사범의 앞차기는 막을 수가 없다. 팔뚝으로 막으면 팔이 부러지고 발로 막으면 발이 부러진다!" 또는 "누가 목숨 걸고 최 사범과 대련하겠는가? 차라리 자살을 해라! 만약 그의 발이

복부에 닿았다고 가정해 보라! 바로 장파열이란 진단이 나올 것이다!" 등 그의 앞차기의 공포를 대변해주는 멘트가 아닐 수 없다.

앞차기 하나 가지고도 무술을 이해하고 도(道) 통할 수 있냐고? 당신이 앞차기를 무시하지 않는 이상 앞차기야말로 강력한 테크닉으로 사용될 수 있을 것이다. 도(道)가 별건가? 한 가지에 문리(文理)가 나서 그것을 깨달으면 그것이 바로 도(道)가 아닌가 생각한다.

질문 1

최 사범이 옥상에서 수련했던 정권단련대의 용도는?

말 그대로 앞차기를 수련함으로써 족기 부분을 단련하기 위함이었다. 정권단련대는 매우 정교하게 만들어져 있다. 필자 또한 이런 방식으로 정권단련대를 만들어 연습하였으며 그 효과가 매우 높았음을 알려드린다. 정권단련대의 높이는 명치부분이며 오로지 정권 단련과 앞차기 단련을 하기 위해서 만들어져 있다. 벽에 붙박이식으로 고정해서 사용하는 것과 넓은 공간의 가운데에 세워놓고 하는 방식 2가지가 있는데 최 사범은 붙박이식을 사용했다.

단련대 만드는 방법

준비물:
① 두껍고 넓고 긴 판자 2장(주방의 나무도마 같은 것)
② 시멘트 드릴

③ 쿠션이 좋은 스프링 4개와 쿠션이 나쁜 스프링 4개
④ 와셔 (washer–볼트나 너트로 물건을 죌 때 너트 밑에 넣는 둥글고 얇은 금속판) 큰 것 20개
⑤ 앵카볼트(anchor bolt) 4자루, 너트(nut) 4개
⑥ 볏짚단이나 새끼줄 또는 도복 띠 몇 개

방법:
① 판자 모서리에 하나씩 4개의 구멍을 2장 모두 똑같이 뚫는다.
② 구멍크기에 맞추어 벽에 구멍을 4개 뚫는다. 다음 그 곳에 기다란 앵카 볼트를 박는다.
③ 와셔를 하나씩 끼우고 탄력이 적은 스프링을 하나씩 넣은 후 그 위에 와셔를 넣고 판자를 한 장만 끼운다.
④ 다음 또 다시 와셔를 끼우고 탄력 좋은 스프링을 끼운 후 또 다시 와셔를 끼우고 그 위에 판자를 끼우는데 볏짚단이나 못쓰는 도복띠를 감아 사용한다.
⑤ 올려진 판자 위에 와셔를 끼우고 볼트를 조이면 완성된다.

주의사항

① 반드시 와셔를 끼워야 한다. 와셔를 끼우지 않으면 단련대의 충격으로 나무에 구멍이 금방 생기고 만다.
② 탄력 있는 스프링을 맨 위에 끼우는데 스프링의 길이를 되도록 짧게 해야 가격하고 난 후의 반동이 적게 된다. 이것을 잘못하면 정권 지르기나 발차기가 '팅팅' 튀기게 되어서 부상이 생길 수 있다.
③ 두번째 나무판의 옆에 버팀목을 설치한다.

단련대의 원리는 다음과 같다.

만약 당신이 정권 지르기를 단련대에 실시한다면 처음 단련대의 중앙에 펀치를 날리게 될 것이다. 그러면 상판의 나무에 충격이 가게 될 것이고 그 충격으로 인하여 나무판자는 뒤로 밀린다. 이때 스프링이 작용되는데 두번째 나무의 사이드에 있는 버팀목으로 부딪치면서 힘이 두번째 나무목으로 전달된다. 이때, 딱! 하고 경쾌한 소리가 난다. 두번째 나무판자는 힘을 흡수하면서 밑에 있는 스프링에 가볍게 전달된다. 손으로 이 단련대를 누른다면 쿠션이 생긴다는 것을 확인할 수가 있으며 이러한 장치로 인하여 손의 부상을 줄이며 안전하게 단련할 수 있다.

질문 2

실제로 최사범의 앞차기 파괴력은 어느 정도일까?

필자는 그가 앞차기로 공사장에서 사용하는 빨간 벽돌을 발로 격파하는 것을 본 적이 있다. 이것은 격파의 과학으로 가격한 것이 아니라 단순히 한 장의 벽돌을 발로 차서 부순 것이다.
만약 사람이 벽돌 2장을 손바닥 위에 사이를 벌려놓고 올려놓은 후 가격한다면 이것은 매우 격파하기 쉽다. 이것은 가격자의 파워로 인하여 깨뜨리는 것이 아니라 벽돌과 벽돌이 부딪쳐서 생기는 현상이기 때문이다. 단순히 한 장의 벽돌을 깨뜨린다는 것! 이것이야말로 매우 고도의 수련자만 할 수 있다.

질문 3

그는 자신의 발 관리를 어떻게 할까?

필자가 어이가 없었던 일은 그가 손도끼와 같이 조그만 낫으로 족기 부분의 자신의 발에 붙어있는 굳은살을 깎아내는 장면을 보고 난 후이다. 신문지를 깔아놓고 작업하는 그를 보고 난 아연실색하지 않을 수 없었다. 나중에 신문지 위를 보니 풍성하게 놓여진 살……. 바가지로 한 가득이었다.--;

〈필자가 독자여러분에게 드리는 당부의 말씀〉

이 글을 읽은 어린 청소년 학생들은 간혹(만 명에 한 명 정도 있을까말까라고 믿고 싶습니다) 단련대를 만들기 위해서 자신의 공부방의 벽에 구멍을 내는 일이 있을 수 있다. 분명히 말하지만 그것을 만들어 단련을 시도하기도 전에 어머니에게 죽도록 맞아 아사상태도 될 수 있다는 점을 미리 알리며 신중히 고려하길 바란다. 또한 이 글을 읽으며 이런 생각을 가질 수 있는 여러분에게 충고한다. 필자가 쓰는 내용의 글을 너무 심각히 생각하지 말길 바란다. 어떤 이는 프린트를 하거나 노트에 정리를 해서 '달달' 외우는 사람이 있다는 말을 들었다. --^ 그 시간에 다른 건설적인 생각을 하거나 무술도장에 가서 땀을 흘리라고 충고하고 싶다. 이 글은 단순히 재미로 또는 옛날이야기나 무술을 하는 데 있어서 조그마한 정보로 받아들이길 바란다.

제 5 강

가로누르기에서의 기법

가로누르기에서의 기법

가로누르기는 와술에서 관절기와 타격기를 동시에 사용할 수 있는 자세 중 으뜸으로 친다. 이는 상대를 가로눌러 몸을 움직이지 못하게 하고 팔꿈치, 무릎 등과 같은 집약적인 부분으로 안면과 옆구리 등을 파괴적으로 공격할 수 있기 때문이다. 뿐만 아니라 타격기에서 관절기로 넘어가는 콤비네이션을 매우 부드럽게 연계할 수 있으며 정면 위누르기로 변환하여 상대의 안면에 펀치 러시를 할 수 있는 매우 효과적인 자세이기도 하다.

가로누르기

뒷목깃을 잡는다.

가랑이 사이로 손을 넣고 띠를 잡는다.

그 밖에 가로누르기

그림A

그림B

그림A-앞의 그림과 커다란 차이는 없다. 다만 공격자의 오른손 위치가 틀리다는 것이다. 자신의 신체적 특성과 성격에 맞게 공격이 변할 수 있다. 둘 중 어느 것이 올바른 것이다라고 말하기는 어렵다.
다만 그림A의 상태는 앞의 그림보다 배 위에 오르기가 훨씬 유리하다. 그러니까 다른 포지션으로 바꾸기가 용이하다는 이야기이다. 만약 당신이 유도 선수라면 필자는 앞의 그림과 같이 가랑이에 손을 넣어서 안정된 자세로 시간을 보내기를 충고한다. 이것은 유도시합의 룰 때문에 일어난 차이이다. 유도의 룰은 누르기를 한 후 30초 이상을 버티게 되면 한판승으로 승리를 거머쥘 수 있다. 그러므로 시간을 오랫동안 보내기 위해선 앞의 그림과 같이 좀 더 견고한 자세로 만들어야 한다. 하지만 그림A의 상태는 좀 더 능동적으로 계속해서 자리를 이동하기 용이하게 자세를 만들 수 있다는 장점이 있다. 언뜻 봐서도 그림A가 훨씬 빠르게 상대의 배 위로 오르기 쉽지 않겠는가?

그림B-보통 도복을 입지 않는 그레프링 계통의 레슬링 선수가 사용하는 가로누르기의 일종이다. 레슬링의 특성상 그들은 옷을 입지 않고 경기에 임한다. 그러므로 그들은 맨살에서의 누르기를 시도하기 위해서 다른 방법의 자세를 선호한다. 그림B의 경우에는 팔꿈치 치기와 무릎 치기 같이 타격공격에 용이하다. 두 손과 두 무릎이 자유로워 보이지 않는가? 모든 가로누르기를 완전히 숙지할 수 있도록 힘써야 한다.

01_ 팔꿈치 타격과 무릎 차기

1_ 가로누르기 자세에서 오른손으로 상대의 옆구리를 가격할 수 있다.

2_ 상대가 통증을 호소하며 이를 방어하기 위해서 왼손을 자신의 옆구리에 가져가 방어할 수 있다. 이때 왼손으로 바꾸어 상대의 관자놀이를 공격한다.

3_ 충격에 휩싸인 상대는 다른 오른손으로 급소를 방어하게 된다.
오른무릎으로 상대의 옆구리를 강타한다. 단 한방으로 상대는 치명상을 입을 수 있다.

4_ 상대가 오른손으로 옆구리를 보호하려 든다면……. 역시 왼쪽 무릎으로 상대의 안면을 강타한다.

02_ 팔 얽어 비틀기

십자꺾기와 더불어 가장 많이 사용되는 관절기이다.

적은 힘으로 상대방을 제압하여 어깨 팔꿈치 관절을 파괴시킨다. 팔 얽어 비틀기의 종류는 헤아릴 수도 없이 많다.

그러나 모든 원리는 하나로 통하므로 공격자 스스로 응용하여 변환할 수 있다. 어느 각도에서 꺾기를 실시하느냐에 따라 술기가 걸리기도 하고 걸리지 않기도 한다. 올바른 각도의 이해가 중요하다.

1_ 상대의 팔을 갈매기 날개처럼 놓이게 한다. 이러한 모양 때문에 일명 갈매기 꺾기라고도 불린다. 왼손으로 상대의 손목을 잡는다.

상대의 손을 허리 밑으로 내린다.

2_ 오른손으로 상대의 삼두근 밑으로 손을 넣어 자신의 손목을 얽어 잡는다.

3_ 팔을 비틀어 꺾기를 시도한다.

4_ 팔을 얽는 각도의 이해가 필요하다. 반드시 정확한 누르기 이후에 기술을 구사해야 한다. 일단 꺾기가 들어가면 빠져나오는 것은 사실상 불가능하다.

어깨 관절은 손을 위로 올릴수록 자유롭게 움직일 수 있다. 예를 들자면 당신의 등이 가렵다고 한다면 손을 머리 뒤로 올려서 등을 긁는 것이 손을 허리 밑으로 넣어서 긁는 것보다 훨씬 편하다는 것을 알 수 있다.

팔 얽어 비틀기를 실시할 때는 상대의 손이 머리 쪽으로 올라가며 꺾기를 실시하는 것이 아니라 허리 밑쪽으로 내리며 실시하여야 정확한 꺾기가 성립된다.

03_ 가로 누워 팔 십자꺾기

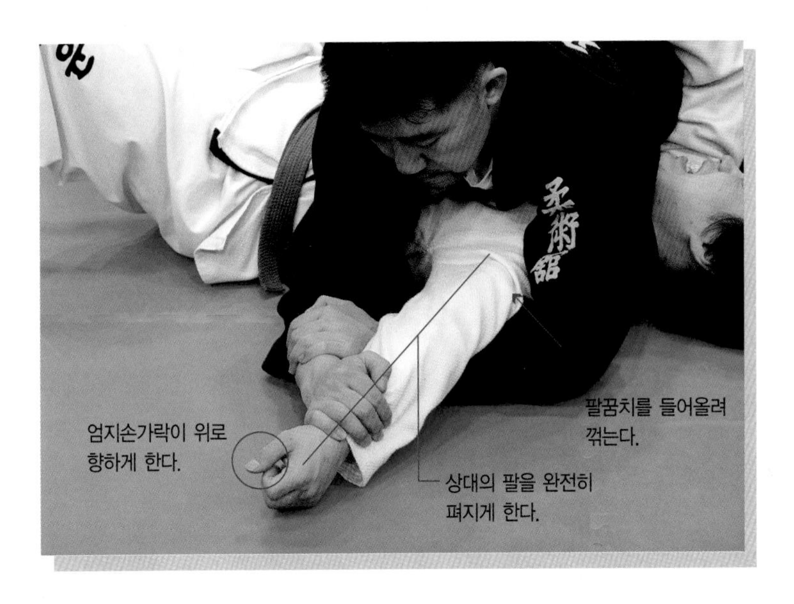

상대의 팔이 완전히 펴진 상태에서 기술을 구사한다. 뿐만 아니라 팔 얽어 비틀기와 연결동작으로 사용할 수도 있다.

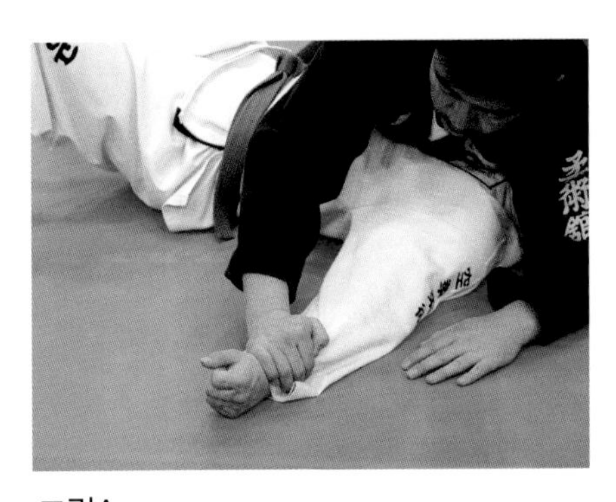

그림A

그림B

그림A–팔이 펴진 상대의 손목을 오른손으로 잡는다.

그림B–상대의 팔 밑으로 손을 집어넣는다. 몸의 중심을 앞으로 하여 팔을 눌러 꺾는다. 꺾을 때 상대의 엄지손가락이 하늘을 가리키게 만들도록 힘쓴다.

04_ 'ㄷ'자형 꺾기

상대의 어깨에 과도한 충격을 줄 수 있다. 상대의 상체를 약간 세우는 것이 포인트이며 팔을 후면 쪽으로 비틀어 꺾는 공간을 확보하는 것이 중요하다.

1_ 상대의 팔 모양을 한글의 'ㄷ' 자 모양으로 놓이게 한다.

2_ 왼손을 상박근 밑으로 넣어 팔을 얽어 잡는다.

3_ 왼쪽 무릎에 힘을 주든지 무릎을 세워서 힘을 받을 수 있도록 한다.

4_ 상대의 몸을 약간 일으켜 세우듯이 기울이고 꺾기를 시도하여 어깨관절을 파괴한다.

‘ㄷ’자형 꺾기에서 기무라 꺾기로의 변환

팔 얽어 비틀기를 역으로 하는 속칭 기무라 꺾기는 일본의 유도 선수였던 ‘기무라’라는 이름에서 유래되었다.
유술에서 자주 등장하는 기술로 어깨에 많은 압박을 준다.

1_ 오른발을 상대의 머리 너머로 보내어 꺾기를 준비한다.

2_ 꺾는 도중 상대는 이를 방어하기 위해서 몸을 일으켜 세울 수가 있다. 또는 당신이 좀 더 능동적이고 확실한 기술을 구사하기 위해서 일부로 몸을 일으켜 세우면서 꺾기를 실시할 수 있다.

3_ 몸이 완전히 뒤로 눕게 되면 왼발의 위치가 상대의 뒤통수 쪽으로 오게 될 것이다. 또한 꺾기는 상대의 팔의 위치도 결국 변함이 없을 것이다.

4_ 왼발의 발목 부위를 오른발의 오금에 걸어 상대의 목을 완전히 가두어 꼼짝 못하게 하며 컨트롤한다. 속수무책인 상대의 팔을 등뒤로 보내며 기무라 꺾기를 실시한다.

05_ 좌식에서의 가로누르기 만들기

1_ 맞잡기로 잡고 있다가 왼손을 상대의 팔꿈치 밑으로 가져간다.

2_ 오른발을 뒤로 이동시키며 세우고 왼쪽 팔꿈치를 위로 치켜든다.

3_ 오른손으로 상대의 뒷목을 잡아당기며 기울이기를 하는데 몸을 회전시키는 요령이 중요하다.

4_ 회전을 멈추지 말고 상대가 넘어질 때까지 힘을 쓰는데 두 손의 작용이 매우 중요하다.

5_ 넘어진 상대에게 세로누르기 또는 가로누르기 등 옆에서 상대를 누를 수 있는 다양한 누르기를 할 수 있다.

06_ 가로누르기에서의 탈출

브릿지 나오기

1_ 왼손으로 상대의 허리띠나 등쪽으로 옷을 움켜잡는다.

2_ 오른손으로는 상대의 가랑이에 손을 넣어서 안쪽 허벅지의 옷자락을 잡는다.

3_ 브릿지를 하면서 왼팔과 오른팔을 당기며 돌린다.

4_ 브릿지를 할 때 상대의 몸을 머리 위쪽으로 비스듬히 굴리며 하는 것이 중요하다.

5_ 왼손을 잡아당기는 힘 그리고 오른손으로 치켜올리는 힘, 브릿지하여 들어올리는 힘이 동시에 이루어지게 하여 기술을 건다.

6_ 상대는 당신의 반대편으로 굴러떨어지게 된다.

7_ 상대의 등이 땅에 닿자마자 재빨리 몸을 움직여 역으로 가로누르기나 어깨곁누르기를 시도할 수 있도록 한다.

8_ 이 그림은 위의 그림과 연계되는 어깨 곁누르기 자세이다.

가랑이 자세 만들기

1_ 오른손으로 상대의 무릎이나 허벅지를 밀어 공간을 확보한다.

2_ 엉덩이를 틀어 무릎을 집어넣는다.

3_ 무릎이 완전히 빠져나오면 몸을 틀어 바로 한다.

4_ 다리를 완전히 빼내어 가랑이 자세를 만들어 방어한다.

몸 세워 다리 잡아 넘겨 나오기

1_ 순간적으로 몸을 틀어 두 무릎이 땅에 닿게 만든다.

2_ 무릎을 세우며 거북등 자세를 만들며 상대의 다리를 잡는다.

3_ 힘으로 밀어붙이며 허리를 세운다. 이때 두 손은 상대의 오금을 잡아당기며 실시한다.

4_ 두 손과 허리의 힘으로 상대를 들어올린다.

5_ 고개를 우측으로 밀어붙이고 두 손을 좌측으로 돌리며 메치기를 실시한다.

6_ 바닥에 완전히 떨어지면 역으로 가로누르기를 실시한다.

제 6 강

무릎누르기에서의 기법

무릎누르기에서의 기법

무릎누르기에서의 상황은 입식에서 상대를 메치고 와술로 이어지는 연계동작으로 다양한 훈련법과 기술들이 즐비하다. 만약 당신이 와술에서의 타격기로 상대방을 제압하고 싶다면 무릎누르기의 연습을 충분히 할 수 있다. 무릎으로 상대를 눌러 제압하고 그 후 연계되는 펀치나 정확한 누르기로 이어지는 콤비네이션은 와술에서의 테크닉을 한층 성숙하게 한다.

01_ 역조르기

1_ 정확한 무릎누르기의 형태를 유지한다.

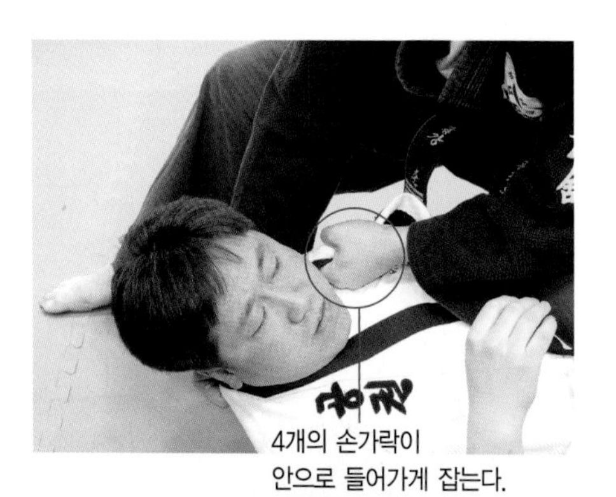

2_ 오른손을 잡아당기며 왼손으로 상대의 오른쪽 옷깃을 바짝 올려 잡는데 반드시 왼손등이 상대의 목 쪽으로 들어가게 한다. 왼손과 오른손의 모양은 서로 반대모양을 하고 있는 것이다.

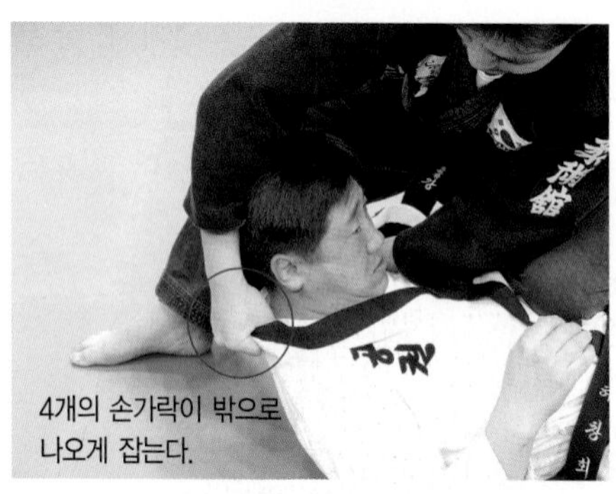

3_ 오른손은 원을 그리며 팔 안쪽을 상대의 머리 뒤쪽으로 돌려 넣는다.

4_ 완전히 돌아가면 팔을 당기면서 조르기를 시도한다.

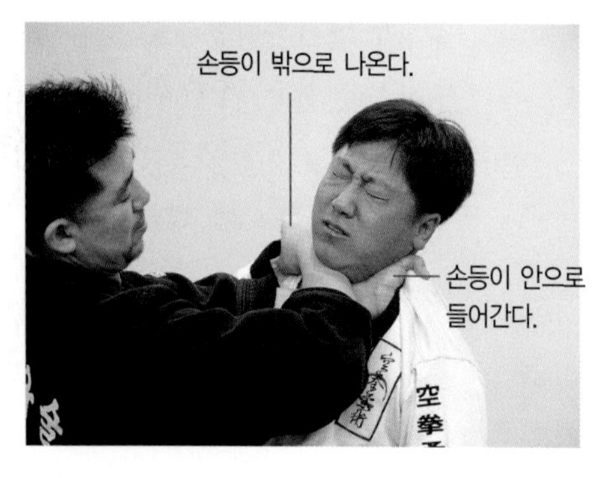

5_ 조르기의 형태는 역조르기이다.

02_ 외발 십자꺾기

상대의 방어를 효과적으로 역습하는 기술이다.
무릎누르기에서 가장 많이 사용되는 십자꺾기로 왼발을 세워 상대의 겨드랑이에 단단히 밀착시키고 배를 들어올려 지렛대의 원리로 꺾는다.

1_ 상대의 방어가 시작될 것이다. 상대의 왼손은 분명 당신의 오른쪽 무릎 위치에 놓여져 있다. 또한 상대의 왼손은 당신의 안면 쪽으로 밀어 젖혀서 당신의 펀치를 방어한다.

2_ 왼손으로 상대의 오른팔을 감싸안는다.

3_ 오른손으로는 상대의 안면을 위쪽으로 밀면서 상체를 세우지 못하게 한다. 만약 상대의 안면을 누르지 못한 채 다음 동작으로 이어진다면 상대는 재빨리 일어나서 처음부터 다시 일어나서 싸우는 결과를 초래하게 된다.

4_ 오른발을 상대의 안면 쪽에 가져가며 이때까지도 오른손을 떼어서는 안 된다.

5_ 뒤로 눕기 시작하는데 최대한 상대의 어깨 밑쪽으로 바짝 당겨 앉는다. 만약 당신의 엉덩이가 상대의 어깨와 멀리 떨어져 있다면 꺾기는 성립되지 않는다.

6_ 오른손으로 왼손을 보조하며 상대의 팔을 껴안는다. 상대의 팔을 몸쪽에 단단히 밀착시키고 배를 들어올려 관절기를 실시한다.

03_ 돌아 십자꺾기

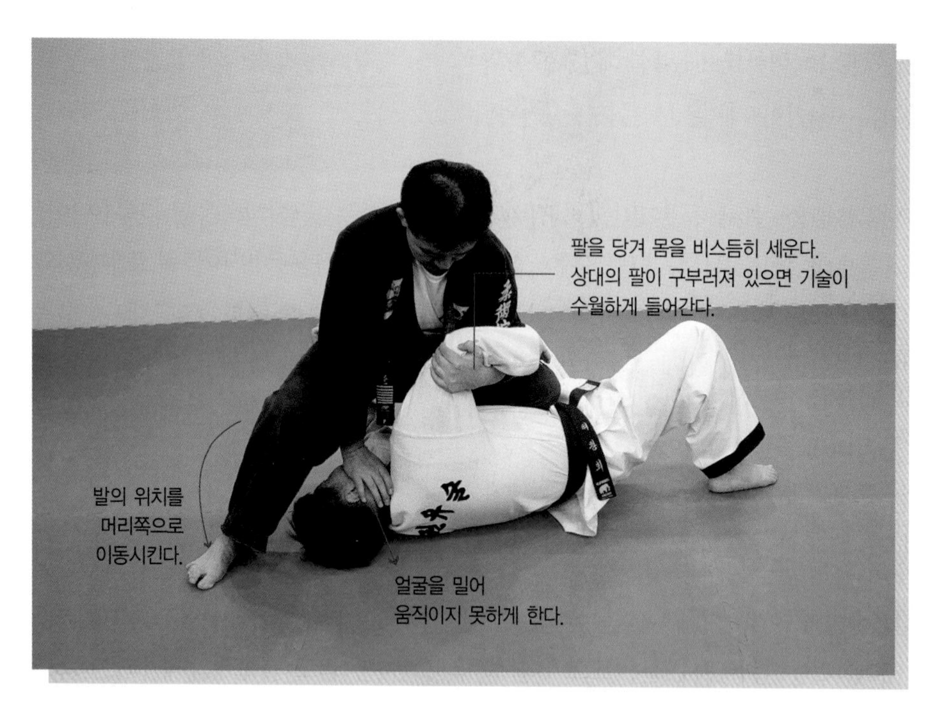

몸을 돌려 반대편의 손을 꺾는 기법이다.
빠른 몸놀림이 필요하며 기술을 구사할 때 엉덩이가 상대의 겨드랑이 밑까지 밀착하여 바짝 다가서는 것이 중요하다.

1_ 상대가 빠져나가기 위해서 당신의 무릎에 손을 대고 밀쳐낼 것이다.

2_ 왼손으로 상대의 팔 안쪽으로 깊숙이 넣어 팔 전체를 감싸 잡는다.

3_ 팔을 바짝 당기면 상대는 모로 눕는 자세가 만들어진다. 상대의 팔이 펴지건 구부러져 있건 신경 쓰지 않아도 된다.

4_ 오른발을 이동시켜 상대의 머리 너머로 교차시키며 오른쪽 무릎 전체를 상대의 옆구리나 등쪽에 밀착시킨다.

5_ 몸을 돌리기 시작하며 상대의 반대편 쪽으로 이동한다.

6_ 팔을 당기면서 뒤로 눕는데 꺾는 팔과 멀리 떨어져 누우면 꺾기가 잘 들어가지 않으므로 상대의 몸쪽에 바짝 다가가며 눕는다.

7_ 만약 당신의 왼발이 상대의 얼굴에 걸려 있지 않고 겨드랑이와 안면상에 대각선으로 위치해 있더라도 발을 빼서 굳이 상대의 얼굴에 걸 필요는 없다. 상대의 겨드랑이 사이에 놓여져 있더라도 충분히 제압이 가능하다.

04_ 어깨 걸어 꺾기

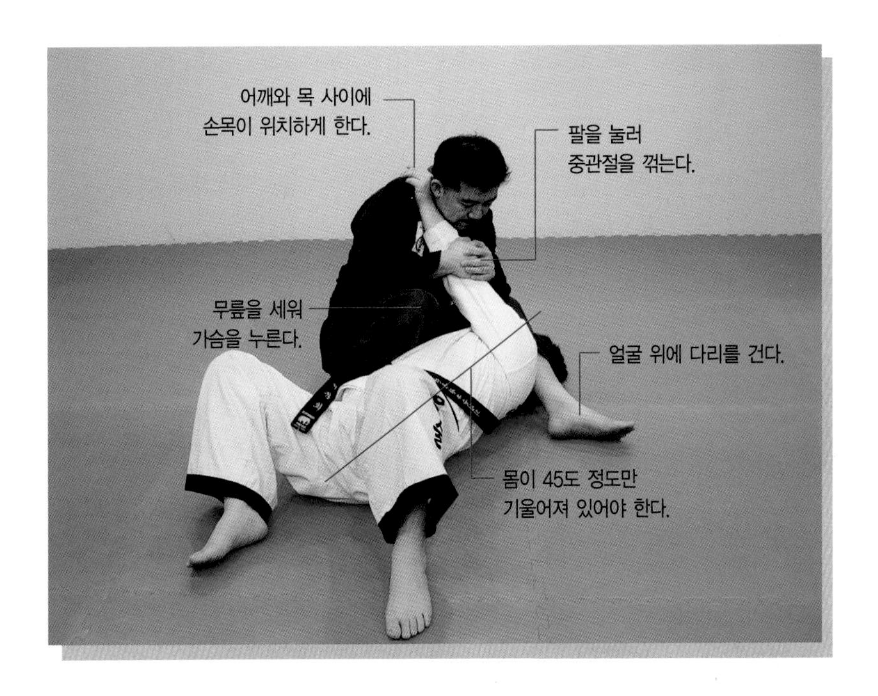

1_ 상대가 당신의 뒷덜미를 잡거나 또는 어깨 위로 손이 가거나 아니면 당신이 능동적으로 상대의 팔 안으로 손을 넣어 기술을 행할 수 있다. 상대는 가랑이 사이에 손을 넣어서 당신의 다리춤을 잡아당기고 왼손으로 밀어붙이며 당신을 뒤로 넘어뜨리려고 할 것이다.

2_ 낮은 자세를 유지하며 오른손으로 상대의 중관절에 올려놓고 상대의 팔이 펴지도록 지긋이 압박한다.

3_ 계속해서 상대의 왼팔을 압박하면서 가랑이 사이에 있는 상대의 팔을 잡아당긴다.

※ 상대의 팔이 당신의 가랑이 사이로 들어가든, 밖으로 나와있든 그다지 중요하지 않다.

4_ 상대의 오른팔을 잡아당기는 동시에 당신의 왼발은 상대의 얼굴에 걸려있어야 한다. 이후에도 계속해서 팔을 잡아당기는 동작을 실시한다. 물론 오른손은 계속해서 압박상태에 놓여 있어져야 한다. 그 이후 왼팔을 놓고 오른손을 보조하며 어깨걸이를 하여 꺾는다.

05_ 무릎 조이기

1_ 몸을 일으켜 세우면서 왼손으로 상대의 오금을 잡아당기면서 몸을 세운다.

2_ 왼손으로 상대의 다리를 잡아당기며 일으켜 세우고 왼발을 상대의 가랑이 사이에 넣는다. 물론 이때도 목덜미를 잡고 있는 오른손을 계속해서 잡아당긴다.

3_ 오른발을 상대의 얼굴 너머로 이동시키고 두 손으로 상대의 다리를 잡아 꺾을 준비를 한다.

4_ 두 손으로 다리를 감싸면서 넘어진다. 될 수 있으면 당신의 등 쪽이 상대의 가슴 쪽 근처로 오게 만든다.

5_ 상대의 발뒤꿈치가 돌아가지 않게 정확히 앞을 향하도록 하고 발등과 무릎 그리고 허벅지 전체를 당신의 몸에 단단히 밀착시키고 난 후에 배를 앞으로 밀어 상대의 무릎관절이 과도하게 펴지게 하여 꺾는 것이다.

06_ 무릎누르기 만들기

1_ 가로누르기 자세에서 왼손으로 상대의 허리띠를 잡는다.

2_ 무릎을 구부리며 탄력적으로 일어난다.

3_ 오른손과 왼손을 잡아당기며 일어나는데 왼무릎에 체중을 싣고 오른손을 잡아당기며 무릎 위누르기를 만든다.

07_ 무릎누르기 탈출법

띠 잡아 밀어 나오기

1_ 왼손을 가랑이에 넣어 뒤쪽 허리띠를 잡는다.

2_ 오른손으로 가슴을 밀면서 왼손을 잡아당긴다.

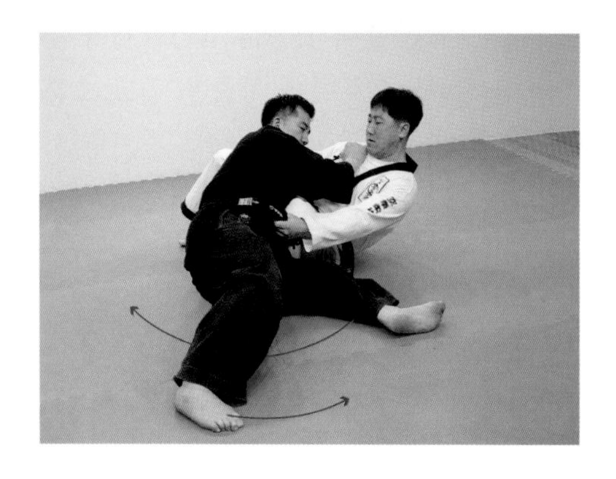

3_ 순간적으로 몸을 틀며 자리를 박차고 일어난다.

4_ 상대가 넘어지면 좋은 포지션을 잡아 누르기로 이어진다.

무릎 밀어 몸 돌려 나오기

1_ 오른손으로 상대의 무릎을 밀어 낸다.

오른손으로 무릎을 밀면서
엉덩이를 뒤로 뺀다.

2_ 순간적으로 몸을 비틀어 상대의 무릎에서 벗어난다.

3_ 몸을 일으켜 세운다.

4_ 오른손으로는 기도를 압박하고 왼손으로는 무릎을 잡아 상대가 가랑이 자세를 만들지 못하도록 방어한다.

5_ 가로누르기로 마무리 한다.

강준의 무술이야기

읽거나 말거나!! (4)

〈무시무시한 앞차기 2편〉

일본의 예전(시대의 배경이 언제였냐고 따지지 말자. 내가 알 턱이 없다!) 사무라이가 난무하고 전국이 혼란하던 칼의 시대. 실력이 좋기로 소문난 2명의 사무라이가 있었으니, 한 명은 '빠께스' 요, 다른 한 명은 '쓰메끼리' 였다.
빠께스는 쓰메끼리와 목숨을 건 사무라이의 결투를 원하고 있었으며 그를 찾아 도전하기 위해서 전국을 떠돌며 방랑생활을 하고 있었다. 왜? 쓰메끼리가 방랑자였기 때문이었다. 이러한 사실은 금방 소문이 나서 누구나 알고 있는 사실이 돼버렸다.
어느 날 날이 저물어 바께스가 잠잘 곳을 찾다가 어느 마을을 지나가게 되었는데 '삐까번쩍' 하는 집이 눈에 띄었다. 주인에게 하룻밤을 묵어가게 해 달라고 간청하자 집주인 '조또 케시끼' 는 흔쾌히 승낙했다.
마당을 지나다가 우연히 보게 된 수백 년 된 매화나무. 바께스는 그 나무를 보고 그 웅장함에 감탄했다. 조또 케시끼는 그에게 저기에 있는 매화나무를 단칼에 벨 수 있냐고 물어보았다! "핫! 아따리마에!"(예! 물론입니다!) 빠께스는 서슴없이 다가가 아름드리 매화나무를 단칼에 베어버렸다. 누가 보아도 멋진 실력이 아닌가?
이야기는 계속된다.
몇 주 후 쓰메끼리 또한 조또네 집을 방문했다. 손님을 대접하기 위해서 방으로 들여 술과 안주를 대접하는데 벽에 있는 커다란 병풍……. 그 곳에는 마당에 있었던 수백 년 된 매화나무의 그림이있었던 것이었다. 쓰메끼리가 그 웅장한 그림에 감탄했다.
"오~오~ 기레이!! 혼또우니우쯔끄시이데스네."(오~오~ 좋다! 정말 아름답군요.)
상식 하나-일본말은 띄어쓰기가 없다. 그러므로 조심해서 읽지 않으면 안 된다.
조또가 제안한다.
"당신의 무술실력은 익히 들어 알고 있소! 저 그림을 단칼에 벨 수 있소?" 칼을 뽑아 든 스메끼리. 멋진 발도(拔刀)……. 그림을 베기 위해서 높이 쳐든 상단세. 커다란 병풍이지만 그의 실력으로 충분히 단칼에 벨 수 있으리라. 그러나 잉? 어찌된 영문인지. 스메끼리는 무릎을 꿇고 눈물을 흘리며 통곡한다.
다음의 대사는 쓰메끼리의 말이다.
"아~아~ 도저히 그림을 벨 수 없소. 나의 존재는 너무나 미비하오. 수백 년 된 매화나무의 세월은 도저히 벨 수가 없소." 라고……. 이야기 끝!

위의 이야기는 매우 단순하지만 소홀히 생각하지 말기 바란다.
여러분도 간혹 인터넷의 동영상이나 또는 옛날 흑백필름의 자료화면을 보게 되면 연세 많으신 노인네(마치 지팡이가 없으면 걷기 힘들 것 같은)들이 하얀 머리를 풀어 헤치고 연무하는 모습을 본 적이 있을 것이다.
유도, 아이기도 또는 한국의 전통무술이나 합기도 같은 무술의 시범에서 힘없이 서성거리는 것 같은 백발노인들의 연무……. 하지만 무술을 어느 정도 하신 분이라면 가히 통탄할 정도로 감탄사가 나오기 마련이다. 그들의 힘 있고 절도 있는 동작에서 오는 연무 때문이 아니라, 누구도 흉내 낼 수 없는 세월의 노련미 그리고 기(氣)에서 오는 형용할 수 없는 느낌 때문이다.
필자는 언젠가 모 무술잡지에서 택견의 명인 故 송덕기 옹의 사진을 본 적이 있었다. 그 그림을 보는 순간 마치 얼어 버린 동태처럼 꼼짝할 수 없었던 기억이 난다. 그림 속의 그 분의 동작은 단순히 손등을 앞으로 하고 두 손을 수평하게 얼굴 위까지 올린 포즈의 사진이었다. 전율이 흐르고 소름이 끼쳤다.
"아~~! 이 할아버지 고수다!!" 조용히 중얼거리는 나의 입가 그리고 쏟아지는 송덕기 옹의 얼굴의 시선.

엉성한 것 같지만 빈틈이 없는 자세. 세월의 여유, 부드러운 곡선 그리고 묘한 표정. 고개가 숙여지고 가슴이 미어진다.
누가 감히 그런 자세를 취할 수 있으랴?
일반인이 볼 때 태권도 빨간 띠의 앞차기나 태권도 9단의 고수의 앞차기나 별반 차이를 못 느낄 것이라 짐작한다. 어쩌면 오히려 젊고 파워 있으며 절도 있는 빨간 띠의 앞차기가 더욱 멋지게 보이리라. 그러나 그들이 보는 관점은 단순한 동작을 보는 것에 그치고 만다. 태권도 9단이 수십 년간 해 온 앞차기의 세월을 그들은 보지 못한다.
필자가 여러분에게 하고 싶은 말은 앞차기를 단순히 앞으로 차는 기계적인 행동으로 보지 말길 부탁드리는 마음에서이다. 어떤 것이 멋진 발차기이고 어떤 것이 멋지지 않은 발차기인지 구분하지 말길 부탁드린다. 영화감독 측에서 보면 우아하고 폼이 좋은 발차기일 터이고 격투기에서 보면 개발차기라도 절묘한 타이밍을 갖춘 발차기가 좋은 발차기일 것은 당연하기 때문이다.

〈 네티즌 여러분께 드리는 당부의 말씀 〉

쓰메끼리와 빠께스의 대결에서 누가 이겼냐고 네티즌 여러분은 따지지 말길 바란다. 또는 그들이 실존 인물이냐고 반문하지 말라! 알 턱이 없다. 그래도 여러분 중에는 분명히 이메일로 문의하든지 전화를 걸어서 물어보는 이가 있을 것이다 -_-;;
언젠가 지도수련 도중 전화가 온 적이 있다. 사범보고 대신 받으라고 했는데 몇 분 후 전화 받던 사범이 열심히 지도하는 나에게 다가와 "꼭! 관장님과 통화하고 싶다." 고 해서 수련 도중 사무실로 들어가 전화를 받았다.
전화 속의 주인공 왈!
"정말 강준 관장님이십니까?"
"네.. 그렇습니다!"
"알았습니다! 정말이군요!"

"띠띠띠……." (전화 끊는 소리다)
정말 '조또 케시끼' 다.

〈 강준 관장이 전하는 비전!! 앞차기 귀신이 되는 비법 〉

① 앞차기의 귀신이 되고 싶다면 발차기의 비중을 앞차기에 충실하여야 한다. 그렇다고 다른 발차기를 무시하라는 말이 아니다. 좀 더 많은 연습량을 할애하라는 것이다.

② 기본 발차기가 완성되면 타격대를 이용한 연습이 필요하다.
여러분에게 단련대를 만들어서 발가락이 뒤집어지도록 앞차기를 해대라는 것이 아니다. 생각해 보라! 대부분의 무술 수련생은 샌드백에 앞돌려차기만을 타격하기 때문에 앞차기의 연습이 부족한 것이 사실이다. 지금부터 족기 부분으로 앞차기를 실시하되 자기 힘의 50%만으로 샌드백에 타격연습을 해 보도록 권고한다. 3개월 후 엄청난 변화를 가져 올 것이다.

③ 당신이 왼발잡이가 아닌 이상 왼발 앞차기를 오른발 앞차기보다 2배 이상 연습해야 한다.
생각해 보라!! 누구든 상대와 파이팅 자세를 취하게 되면 왼발이 오른발보다 앞에 나오는 것은 당연하다. 그러므로 상대의 복부를 가격하기 위해서는 오른발보다 왼발이 훨씬 용이하다.

④ 연습은 신중하게!!
생각해 보라! 자꾸 생각해 보라고 해서 유감스럽게 생각한다! 하지만 역시 곰곰이 생각해 보라! 당신이 알통이 튀어나오는 것을 원한다면 아령으로 이두박근 운동을 할 때 온 정신을 이두근에 쏟아서 집중해서 훈련해야 멋진 계란이나 재수가 좋다면 타

조알과도 같은 알통도 소유할 것이다. 만약 그렇지 않고 이두근 훈련 도중 어제 지하철에서 마주친 아가씨를 생각한다거나 옆 사람과 노닥거림 또는 얼른 끝내고 집에 가서 '야인시대' 봐야지 라는 잡념이 들끓는 상태에서 기계적으로 팔을 움직인다면 알통이 나오겠는가? 메추리알도 힘들 것이라고 짐작된다.
발차기 또한 마찬가지이다. 정신을 한 군데로 집중하라! 샌드백에 분필로 X자 표시해 놓고 오로지 그 곳만 타격하라! X자의 위치는 상대의 명치 부분이다.

⑤ 손과 발을 동시에 수련하는 콤비네이션 기법을 연구하라!
예를 들자면…. 왼발 앞차기가 나가는 동시에 원투 스트레이트가 동반하는 수기테크닉을 숙련시킨다. 만약 실전이라면 상대는 복부와 안면에 번개 같은 3번의 공격을 찰나에 받게 된다. 필자는 앞차기를 6개월간 죽어라 수련해서 실전에 사용한 적이 있었다(이상하게도 앞차기와 왼손치기가 빗나가고 오른손 정권 지르기가 적중했다. 길바닥에 큰대(大)자로 뻗은 상대를 내려다보면서 '어? 이게 아닌데 뭐가? 잘못된 걸까?' 라고 생각했다 --;;). 6개월 이상 열심히 연습한 앞차기는 '삑사리' 가 나고 엉뚱한 정권 지르기(?)가 적중한 일에 대해선 나중에 안 일이지만……. 그 정권 지르기야말로 앞차기의 산실이라는 것을 깨달았다. 앞차기가 있었기 때문에 오른손 정권 지르기를 적중시킬 수 있었던 것이다. 그 후로 손과 발이 조화를 이루는 콤비네이션이 얼마나 중요한 것인가를 인식했다.

⑥ 자신의 신체에 맞는 발차기를 개발하라!
10명에게 앞차기를 지도하면 모두 똑같은 폼이 나올 수 없다. 키가 큰 사람, 뚱뚱한 사람, 마른 사람, 작은 사람뿐만 아니라 성격이나 골격에서도 많은 차이가 난다. 그러므로 자신의 폼이 도장 사람들과 틀리다고 해서 또는 엉성하게 보인다고 해서 슬퍼하거나 괴로워하지 말라. 당신의 그 개(犬)발이야말로 실전에서 최고의 공격기술이 된다. 필자도 어찌된 일인지. 무력이 높아질수록 서서히 개(犬)발이 되어간다는 사실을 느꼈다. 그것은 나의 무술에 대한 철학이 서서히 바뀌었기 때문이다.

⑦ 다양한 각도의 앞차기를 구사하고 숙련시켜라!

여러분은 바둑을 좋아하는가? 필자는 동네바둑으로 배운 아마 2~3급 정도의 초보이다. 다만 즐기면서 바둑을 둘 뿐이다. 바둑에 입문하면 선배들이나 스승님에게 이런 조언을 들을 수 있을 것이다. "정수를 외우고 공부하여 내 것으로 만들어라! 하지만 한판의 바둑을 둘 때에는 그것을 잊어버려라!!" 필자는 이 말에 찌이난~~ 감동을 받았다.

당신이 아무리 많은 정석을 공부하였다 손치더라도 실전의 바둑에서는 상대가 당신이 외운 대로 똑같이 바둑돌을 착수하지 않는다. 예를 들면 당신은 정석 30수를 외웠는데 상대가 15수부터 엉뚱한 곳에 돌을 착수한다면 완전히 당신이 원하지 않는 한판의 바둑이 되는데 그 후부터는 어떻게 할 것인가? 정석에 얽매이지 말고 당신의 바둑을 두어라!! 당신의 생각과 철학이 멋진 한판의 바둑을 만들어 나간다.

당신은 철학적 발차기를 구사하는가? 아니면 정석을 외워서 실시하는가?

현역 프로야구 감독 중에 김성환씨를 아는 이가 많을 것이다. 오리궁둥이 김성환 감독의 타자 폼은 이상하기로 손꼽힌다. 일본 프로야구의 대명사 외다리 타법의 고수 왕정치를 아는가? 미국 메이저 야구의 타자들은 어떠한가 타석에서 야구방망이를 미친 듯 돌려대며 투수를 꼬라 본다. 만약 당신이 고교야구에서 이런 짓을 했다간 코치나 감독에게 맞아 죽기 십상이다.

처음엔 기초를 튼튼히 해야 한다. 프로야구의 타자들도, 야리꾸리한 폼의 소유자도 처음에 모두 중학교, 고등학교를 거치며 기본 자세를 익혔다. 처음부터 그들이 그런 폼을 가진 것이 아니라 연습하면서 자연스럽게 몸에 익혀진 것이라는 것이다. 당신이 앞차기에 자신이 붙는다면 다양한 각도에서 발차기를 연습하라고 권한다. 이것이야말로 앞차기의 귀신이 되는 지름길이다.

당신이 평소에 허공차기로 실시하는 동작의 앞차기는 단순한 기본이다. 이러한 동작으로 실전에서 상대를 가격하기란 거의 불가능이다. 앞차기로 상대방을 맞추어 치명적으로 몰고 갈 수 있는 궤도는 수십 가지에 달한다. 그 중 대표적인 것이 정식 앞차기도 아니고 앞돌려차기도 아닌 엇비스듬히 차는 발차기를 추천한다. 이 발차기는 정확한 포인트를 맞출 수 있는 타이밍과 각도를 만들어 준다. 90도로 올려 차는 앞차기는 사실상 실전에서 무용지물이다. 상대가 허리를 앞으로 숙여 주기 전에는 이러한 앞차기로 상대를 가격할 수 없다. 그럼에도 불구하고 많은 일선도장의 수련생들은 한결같이 이러한 발차기를 고수한다. 단순히 기계적으로 발차기를 실시한다. 45도의 직선과 곡선을 그리는 앞차기!! 이 앞차기를 숙련시킨다면 정확히 족기 부분으로 상대의 명치를 가격할 수 있는 각도가 나온다.

⑧ 가상의 적을 앞에 그려라!

당신이 단순히 허공차기를 한다고 하더라도 허공의 목표물을 머리 속에 그려야 한다. 이것이 그냥 무심히 올려 차는 발차기보다 훨씬 높은 실전대련테크닉을 익힐 수 있다. 가상으로 그려진 상대 중에서도 어느 부위를 어떻게 차는 연습을 할 것인가를 미리 생각하고 수련에 들어간다.

당시의 무술은 실제로 맨몸의 상대를 가격하는 수련을 했었고 수단과 방법을 가리지 않고 KO시키는 연습을 했었다. 현재 호구를 차고 하는 대련에서는 앞차기를 하기는 사실상 불가능하다. 아무리 많은 연습을 해서 귀신이 된다고 해도 포인트를 얻어낼 수 없다. 당신이 발차기를 열심히 수련하여 그것을 선보일 때 남들이 봤을 때 이런 감상평이 나온다면 진정한 앞차기의 귀신으로 인정받을 것이다.

“정말로 당신의 발차기는 엉성하기 그지없소!!”라고 평가 받을 때 말이다.

제 7 강

정면 위누르기에서의 공격법

정면 위누르기

누워서 하는 타격기법 중 최고의 타격기를 자랑하며 최고의 유리함을 자랑한다. 대표적인 관절기법으로는 가로 누워 십자꺾기를 들 수 있는데 상대와의 교전 시 승률을 높일 수 있는 최고의 관절기로 유명하다.

일단 이 자세를 만들게 되면 90% 이상의 승리를 거머쥘 수 있다.

대부분의 유술가는 정면 위누르기를 선호하며 이 자세를 만들기 위해서 끊임없이 노력한다. 다른 누르기와는 달리 정면 위누르기는 당신의 두 팔을 자유롭게 사용할 수 있으며 매우 안정적이다.

두 다리를 상대의 엉덩이 밑으로 집어넣어서 배를 튕기어 떨어뜨리는 것을 예방한다. 한 손으로는 목을 감싸 앞으로 일어설 수 없도록 하며 다른 한 손으로는 스탠드를 넓게 벌려 상대가 몸을 뒤집는 것을 방어한다.

그 밖에 테크닉

그림A

당신의 발을 상대의 엉덩이 밑으로 집어넣어서 상대가 배를 튕겨 빠져나가는 것을 방지하며 안면을 타격한다.

그림B

상대의 겨드랑이 위쪽으로 이동하여 상대의 팔을 자유롭게 하지 못할 뿐 아니라 상대가 배를 튕겨 빠져나가는 것에 대해서 영향이 미치지 못하게 한다.

01_ 타격

그림A_ 주먹타격(가드를 올릴 때)

상대의 안면을 주먹으로 타격한다.

그림B_ 팔꿈치 타격(팔을 펴서 방어할 때)

상대의 안면을 팔꿈치로 타격한다.

그림C_ 돌려치기(안면을 방어할 때)

상대 방어의 측면을 타격한다.

02_ 팔 얽어 비틀기

1_ 주먹공격을 하게 되면 상대는 두 손을 오므려 방어를 실시할 것이다.

2_ 상대가 안면을 방어하면 오른손으로 상대의 오른쪽 손등이나 손목을 감싸 잡는다.

3_ 힘으로 밀면서 당신의 오른팔꿈치가 상대의 얼굴 옆의 지면에 닿도록 하여 두 무릎과 삼각형 구도로 갖추어 안정적인 자세를 만든다.

4_ 왼손으로 얽어 자신의 손목을 잡는다. 중심은 상대의 팔을 비틀어 꺾는 쪽으로 체중을 이동시켜 완전히 오른팔을 제어한다.

5_ 계속해서 밀어붙이는데 반드시 상대의 손이 허리 밑으로 내려가게 하면서 왼손을 들어올려 팔이 뒤틀리게 한다.

03_ 팔 교차 당겨꺾기

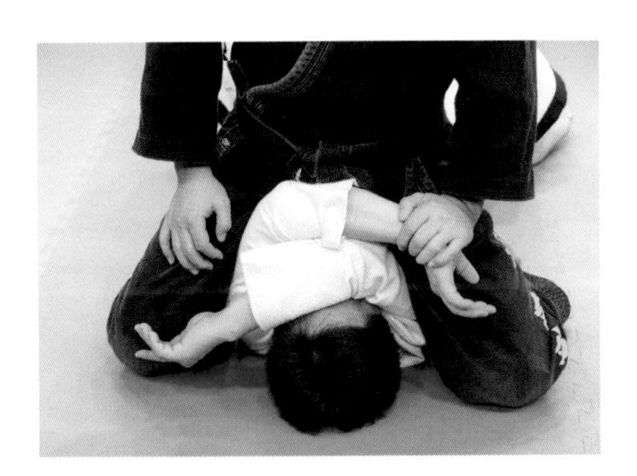

1_ 손을 올려 가드하고 있는 상대의 상체 쪽으로 바짝 이동하여 앉는다. 이는 상대가 배를 튕기어 빠져나오는 것을 방어하는 의미도 포함되어 있다. 이때 상대의 손이 X자로 교차되게 만든다.

2_ 오른쪽 다리를 상대의 안면 쪽으로 이동시키며 강한 압박을 가한다. 다리 오므리는 것이 중요한데 이렇게 해야만 X자로 교차된 팔을 상대는 마음대로 움직일 수가 없게 된다. 만약 상대의 팔을 교차시킬 수 있는 찬스를 잡지 못했다면 당신은 상대의 팔꿈치를 누르며 크로스를 만들어야 한다.

3_ 상대의 팔이 위에 있든 밑에 있든 신경 쓰지 말라! 자신의 정가운데 있는 팔을 상방향 쪽으로 당기면 중관절이 꺾이게 된다.
상대는 탭을 할 수 없으므로 동태를 잘 살피고 패배를 시인하면 기술을 풀어준다.

04_ 발 삼각구 조르기

1_ 왼손으로 세모조르기를 하듯이 깊숙이 잡는다. 그 후 오른손으로 상대의 왼팔 소매를 잡아 상대의 움직임을 제어한다. 될 수 있는 한 상대의 겨드랑이 위쪽으로 바짝 자리를 잡고 앉아야 한다.

2_ 오른쪽 다리를 상대의 왼팔 너머로 이동시키고 이번에 반대로 왼손으로 상대의 오른팔 옷깃을 잡아당겨 가랑이 사이에 상대의 겨드랑이 안쪽이 오게 만든다.

3_ 왼손으로 상대의 오른쪽 팔꿈치를 밀어붙이고 오른손으로는 상대의 뒷머리를 잡아당긴다.

4_ 다리를 집어넣는데 이때 가랑이가 상대의 목과 겨드랑이의 홈에 끼워져야 한다.

5_ 오른팔로 상대의 팔꿈치를 눌러 공간을 압축한다.

6_ 왼손으로 오른발등을 잡고 잡아당겨 왼발을 걸 수 있는 공간을 확보한다.

7_ 중심을 잡으며 발목을 자신의 오금에 완전히 끼워 빠지지 않게 한다.

8_ 상체를 세우고 엉덩이를 비틀며 앉는다. 상대는 완전히 조르기에 걸리게 된다. 목을 몸쪽으로 잡아당기면 더욱 효과 좋은 공격이 된다.

그림A

그림B

좀 더 확실히 기술을 구사할 수 있도록 여러분의 이해를 돕기 위해 몸을 어떻게 사용하는지에 대해서 설명하고자 한다.
허리를 뒤로 하며 제자리에 앉게 된다. 이 자체만으로도 기술이 걸릴 수 있으나 다음과 같은 후속 동작이 필요하다.

그림A에서 그림B로 넘어가는 과정을 그린 것인데 이때 허리를 오른쪽으로 꼬는 테크닉이 중요하다. 이때 엉덩이는 뒤로 빼면서 동작을 취하도록 하라! 보다 많은 압박이 상대의 목에 가중된다. 허리를 비틀어 앉는 이러한 조그만 테크닉으로 한번에 상대의 항복을 받아낼 수 있는 것이다.

05_ 십자꺾기

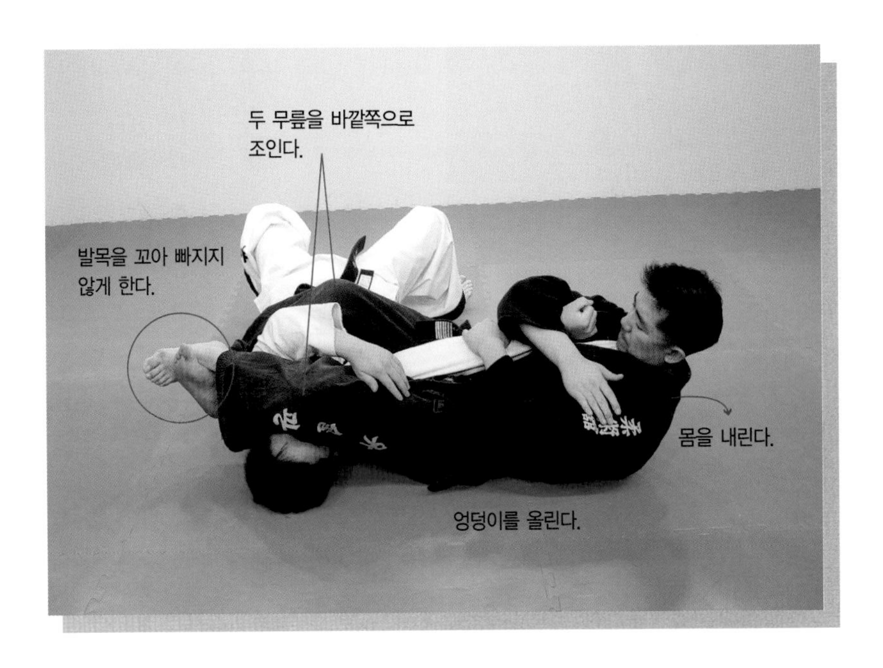

관절기의 꽃이라 불리는 십자꺾기는 그 모양이 한문으로 열십자(十) 모양을 해서 붙여진 이름이다. 십자꺾기는 어떠한 형태, 어떠한 자세, 어떠한 위치에서도 관절기가 가능하다. 그 수는 헤아릴 수 없을 정도로 방대하며 결국 상대의 팔을 과도하게 펴지게 해서 제압하는 기술이다.

1_ 정면 위누르기 자세에서 밑에 있는 방어자는 조르기나 상대의 펀치를 방어하기 위해서 손을 빼 거리를 둘 것이다.

2_ 오른손으로 상대의 손목이나 안쪽으로 구부러지는 팔뚝을 감싸 잡는다. 이때 오른발은 상대의 왼쪽 어깨 밑에 위치해야 한다. 당신의 발등이 상대의 어깨 밑에 붙을 수 있도록 신경 쓰도록 하라!

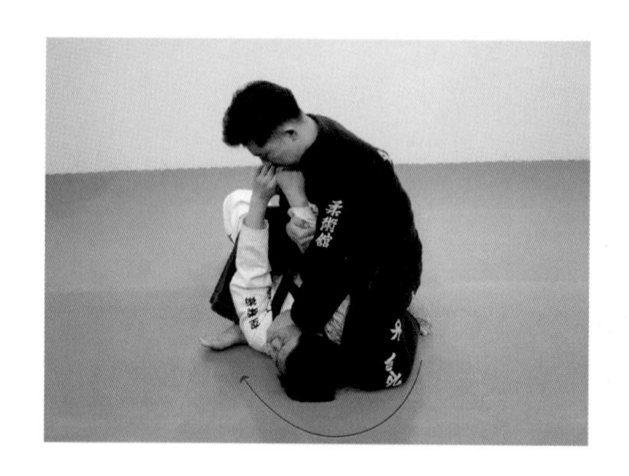

3_ 몸의 위치를 좌측으로 약간 이동하며 왼손으로 상대의 오른쪽 안면을 밀어 붙여 고개가 돌아가게 만들고 허리를 일으켜 세워 도망가지 못하게 하도록 제압한다. 이로써 상대는 꼼짝하지 못하는 상태가 된다.

4_ 재빨리 왼발을 상대의 턱에 거는 순간까지도 왼손을 떼어서는 안 된다.

5_ 뒤로 누우면 기술이 성립된다. 정확히 상대의 중관절을 꺾기 위해선 누울 때 상대와 가깝게 누워야 한다.

6_ 상대의 두 팔을 단단히 몸에 밀착하도록 한다. 반드시 상대의 엄지손가락이 하늘방향으로 향하게 하며 이후 배를 들어올려 탈골을 유도하고 상대가 항복을 선언하면 기술을 멈춘다.

06_ 상대의 방어에 대한 역공격

십자꺾기는 꺾기 중 필살기로 통할 만큼 공격력이 막강하다. 일단 이 기술에 걸리면 세상없는 장사라 할지라도 모두 항복하고 마는 기술인 것이다. 그러나 만약 다음과 같은 현상이 일어나면 초보자들은 매우 당황하게 될 것이다. 실제로 지금부터 여러분에게 보여줄 행동은 실전에서 비일비재하게 일어나는 현상 중 하나이다.

손가락 잡기로 방어할 때

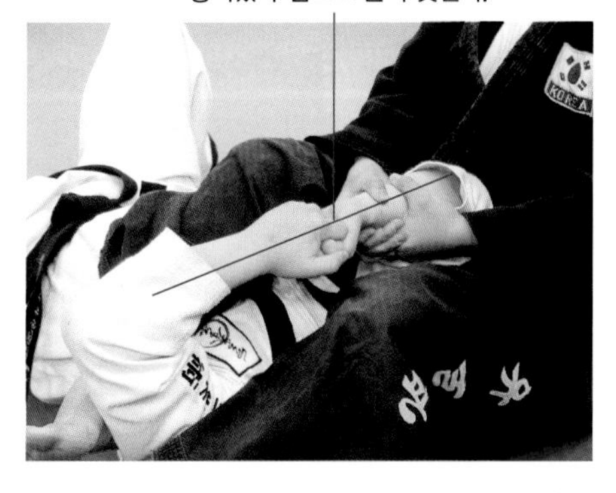

1_ 가장 많이 나오는 현상이다. 분명 상대도 십자꺾기에 대한 방어할 권리가 있다. 초보 유술인이 가장 당황하기 쉽다. 힘으로는 상대의 손을 풀어 십자꺾기로 유도하기 힘들다. 상대 손가락과 손가락을 건 핑거그립을 사용할 때 대처하는 방법이다.

2_ 왼손을 상대의 팔이 구부러지는 곳에 깊숙이 끼워 자신의 몸통쪽으로 힘차게 잡아당긴다. 팔을 잡아당길수록 상대는 더욱 힘껏 손가락에 힘을 줄 것이다. 만약 처음 오른손이 상대의 팔 사이에 들어가 있다면 다시 왼손으로 바꿔 잡아야 한다.

3_ 몸을 일으켜 세우며 오른손으로 상대의 팔꿈치를 잡아 당긴다.
이렇게 되면 상대의 팔이 '〈' 모양이 될 것이다. '〈' 모양을 만들기 위해선 몇 가지 기술적 요령이 필요하다.

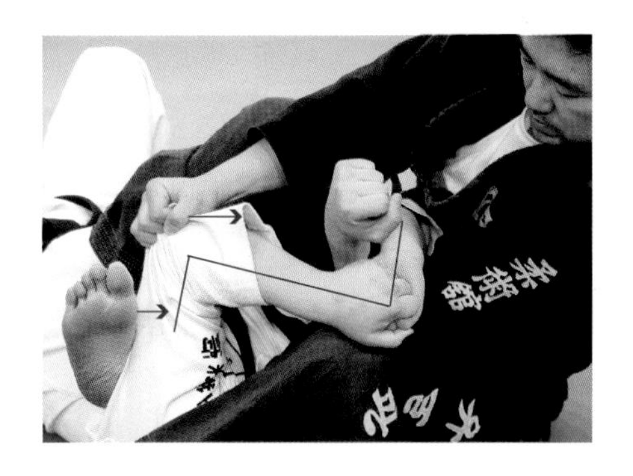

4_ 상대가 힘이 강해 완강히 버틴다면 당신의 오른쪽 발을 이용하여 팔꿈치를 잡아 당기는 손을 보조하여 당긴다.

5_ 위와 같은 과정을 거친다면 다음과 같은 그림을 만들 수 있다.

6_ 반드시 왼쪽으로 체중을 실어서 몸을 넘어뜨리는데 이때 당신의 손을 잡아당기며 넘어진다. 기술을 구사하는 자의 오른손을 주목해 주기 바란다. 오른손으로 보조하며 상대의 팔을 완전히 껴안아 체중을 이용하여 팔 빼기를 시도하지 않는가?

7_ 상대의 팔이 빠지면 몸을 똑바로 해서 십자꺾기를 넣는다.

손목 잡기로 방어할 때

1_ 손가락 잡기와는 다르게 상대가 손목을 잡을 경우는 다른 공격 방법을 모색해야 한다. 몸을 옆으로 이동시켜 손과 손을 분리하려고 해도 상대의 손바닥으로 인하여 손이 빠지지 않기 때문이다.

2_ 왼손을 상대의 팔에 끼워놓고 당신의 팔을 몸쪽으로 밀착시키며 두 팔로 얽어 바짝 당긴다.

3_ 오른손바닥으로 상대의 왼쪽 손목 윗부분에 올려놓는다.

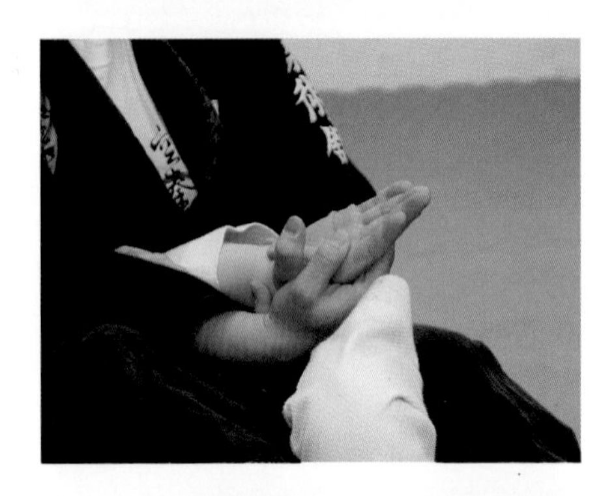

4_ 오른손을 앞으로 당기며 엄지손가락이 상대 손목과 손등 사이로 파고들게 하면서,

5_ 손바닥을 뒤집어 상대의 손등을 감싸 잡는다.

6_ 상대 손목을 잡아당기면 손목이 접히게 되면서 손목이 빠지게 된다. 마치 오리발 모양을 하고 있는데 이때부터 상대는 손목 관절이 꺾이게 된다. 상대의 팔꿈치를 당신의 몸통에 밀착시켜라! 팔을 일직선상에 놓이게 하고 계속해서 손목을 잡아당겨 꺾기를 시도한다.

7_ 좀 더 안정적인 자세를 원한다면 뒤로 누워서 십자꺾기를 시도한다.

그 밖에 손 풀기

그림A_ 발로 밀어 풀기

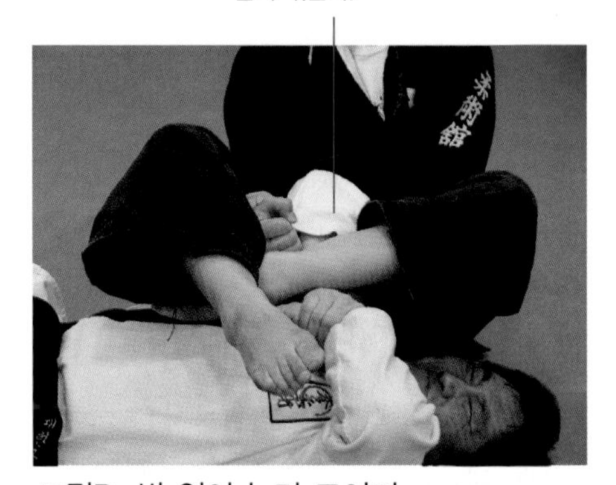

그림B_ 발 얽어 눌러 조이기

07_ 정면 위누르기 만들기

1_ 맞잡기에서 오른손으로 상대의 오른쪽 도복깃을 깊숙이 잡는다. 왼손은 중소매를 잡는다.

2_ 상대를 앞으로 밀면서 왼쪽다리를 앞으로 뻗고 엉덩이를 바닥에 둔다. 상대는 힘으로 이를 저지할 수 있다.

3_ 상대가 버티는 힘을 역이용하여 앞으로 당기며 오른발을 상대의 사타구니에 넣어 왼쪽 오금에 발목을 끼운다.

4_ 왼손과 오른손을 당기면서 등이 바닥에 닿도록 뒤로 눕는다.

5_ 일단 당신의 등이 바닥에 닿으면 왼손을 계속해서 당기며 오른손은 역으로 밀면서 오른쪽으로 돌린다. 몸을 옆으로 하며 오른발을 하늘 방향으로 올린다. 상대의 왼쪽 다리가 공중에 뜬 상태가 된다.

6_ 몸을 굴려 회전하면서 상대의 배 위로 올라탄다.

7_ 당신의 두 발을 상대의 엉덩이 밑과 두 다리 사이의 밑으로 넣어 안정적 자세를 만든다.

08_ 정면 위누르기의 탈출법

브릿지 나오기

1_ 두 손으로 상대의 허리띠를 잡는다.

2_ 브릿지를 반만 하면서 두 손을 머리 위 방향으로 밀면서 오른쪽으로 힘을 쓴다. 상대는 넘어가지 않으려고 두 손을 땅에 짚어 방어할 것이다.

3_ 방어하는 그 순간 몸을 제자리로 돌아오게 한다. 이것은 연결동작으로 이루어져야 한다.

4_ 이번엔 반대로 브릿지를 하면서 팔을 밀어붙인다. 이 과정이 신속히 이루어져야 한다.

5_ 몸을 계속해서 회전시키면 상대는 당신에게 깔려 있는 가랑이 자세가 될 것이다.
이 자세가 정면 위누르기 자세보다 훨씬 안정적인 자세라는 것은 두말할 것도 없는 것이다.

뒤 굴러 나오기

1_ 두 손으로 상대의 몸통 깃을 잡는다.

2_ 두 발을 올려 상대의 겨드랑이 근처에 밀착시켜 위로 치켜올린다.

3_ 다리를 밀어 올리면 상대의 가랑이 사이에 조그마한 공간이 생길 것이다. 두 다리의 중심을 앞쪽으로 기울이게 한다.

4_ 계속해서 밀어붙이고 뒤로 도는 회전력을 키우면 상대는 앞으로 넘어지고 당신은 상대의 배 위에 올라타 있는 모습이 된다.

5_ 오른쪽 겨드랑이에 상대의 발목을 끼워 넣는다.

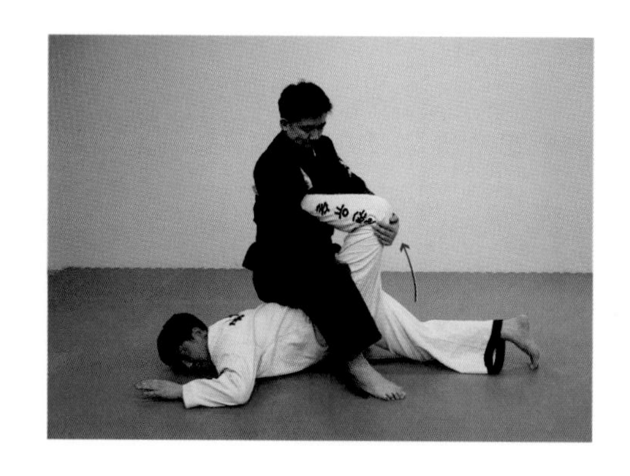

6_ 왼손으로 무릎을 잡고 오른손으로 힘을 쓰면서 허리를 뒤로 젖혀 허리를 과도하게 펴 꺾는다.

가랑이 자세 만들기

1_ 오른손으로 상대의 허벅지나 무릎을 눌러 무릎을 가랑이 사이로 빼어낸다.

2_ 일단 무릎이 빠지면 나머지 발을 빼는 것은 어렵지 않을 것이다.

3_ 몸을 비틀어 다리를 완전히 빼어낸다.

4_ 왼쪽 손을 밀어 내며 오른쪽과 똑같이 동작을 행한다.

5_ 상대가 못 움직이게 손으로 몸통을 껴안은 후 무릎을 빼어낸다.

6_ 왼발을 빼어내어 크로스 시켜서 가랑이 자세로 만들어 방어한다.

강준의 무술이야기

읽거나 말거나!!(5)

〈첫경험 1편〉

사람은 일생을 살아가면서 수많은 일들을 경험하게 된다. 하지만 일생을 통해서 아무리 많은 경험을 할지라도 맨 처음 경험했던 어떠한 일은 쉽사리 기억에서 지워지지 않고 '첫경험' 이란 이름으로 머리에 남기 마련이다.

여러분도 마찬가지로 이제까지 수많은 일들을 경험해 보았겠지만 어떤 일을 처음으로 했을 때의 기억은 여러분의 뇌리에 분명히 남아 있을 것이다. 예를 들어, 어머니의 뱃속에서 처음으로 이 세상에 나오면서 산부인과 의사에게 엉덩이를 맞았던 기억(?)이나 혹은 평생을 산(山)에서만 살던 사람이 처음으로 바다를 보았을 때의 놀라움, 쉽게는 처음으로 미팅에 나갔을 때의 작은 설렘 등의 많은 일들이 '첫경험' 의 이름으로 기억에 남아 있을 것이다.

하지만 지금부터 내가 말하고자 하는 첫경험이란 어쩌면 조금은 말하기 쑥스러운 것인지도 모르겠다. 그것은 '처음으로 낯선 여자와 함께 잠을 잔 일' 을 '첫경험' 이란 이름으로 여러분에게 고백하려고 하기 때문이다.

이 글을 쓰기 위해 그것이 언제였던가 기억을 더듬어 보니 고등학교 1학년 때의 일로 기억이 된다.

좀 더 정확하게 기술(記述) 하고자 다락 속의 해묵은 일기장을 꺼내어 뒤적여 보니 거기에 나의 '첫경험' 이 솔직 담백하게 쓰여 있었다. 여기에 그 경험을 소개한다.

1900년0월0일 토요일 날씨 : 맑음

충격이다!
어젯밤 낯선 여인과 난생처음 함께 잠을 잔 것이다. 정말 일을 저지른 것이 아닌지 모르겠다. 사건의 발단은 늦은 시간의 버스 안에서 시작되었는데 시간이 늦어서인지 그때의 버스 안은 붐비지 않았다.
거의 11시쯤 되었을까? 내가 버스에 오르자 맨 뒷좌석의 창가에 앉아 있는 그녀의 모습과 비어 있는 자리가 나의 눈에 들어왔다. 그래서 무심코 그녀의 옆자리에 나란히 앉게 되었는데 이것이 그녀와의 동침으로 이어질 줄이야…….
처음에는 의식하지 못했지만 시간이 흐르며 옆에 앉아 있는 그녀에게서 나오는 향긋한 알 수 없는 향기가 나를 자극하기에 이르렀고, 그 야릇한 자극은 나를 호기심으로 이끌었으며, 그 호기심은 끝내 나의 두 눈으로 하여금 그녀를 훔쳐보도록 만들었다.
그녀의 모습이 나의 두 눈에 가득히 들어 왔다. 날씬한 몸매였지만 그리 마르지 않았으며 약간은 고전적 맵시가 있어 보였고, 다소곳이 앉아 있는 모습은 기품이 있어 보였다. 얼굴은 이지적으로 생긴 계란형에 완만한 콧등과 살며시 다문 아름다운 입술은 그녀의 상큼한 성격을 잘 말해 주고 있는 듯했다. 더구나 그녀의 긴 머리칼이 바람에 나풀거릴 때면 그렇게 싱그럽게 보일 수가 없었다.
나는 좀 더 자세히 그녀를 살펴보고 싶은 욕심에 용기를 내어 고개를 옆으로 살며시 돌려보았다.
그런데 방금 전까지만 해도 맑은 눈빛으로 차창 밖을 응시하고 있던 그녀가 살며시 고개를 숙이고 예쁘게(?) 졸고 있는 것이 아닌가! 흐흐…….
"어쩌면 졸고 있는 모습까지 저렇게 예쁠 수가 있을까!"라는 생각을 하고 있는 동안 버스가 몇 번 흔들거렸다. 그러자, 그녀의 고개가 나의 어깨 위로 비스듬히 기울어졌고 바람에 나부끼는 그녀의 머리칼이 나의 뺨을 간질였다. "하느님 감사합니다. 아!~~" 황홀한 순간이었다. 그 분위기에 이끌려 나의 눈이 감겼다.
이러한 황홀한 순간이 얼마나 흘렀을까? 갑자기 단단한 그 무엇이 나의 옆통수를 강타했다. 깜짝 놀란 나는 두 눈을 번쩍 뜨고 주위를 살펴보니 나의 옆에서 졸고 있던 그녀 또한 예쁜 두 눈을 동그랗게 뜨고 민망한 표정으로 나를 쳐다보았다. 이것이 어찌된 영문인가?

상황은 이렇게 된 것이었다.

그녀는 나에게 머리를 기대어 졸고 있었고, 한창 피곤을 느낄 봄철에 방과 후 몇 시간 친구들과 축구를 한 나 또한 졸음이 몰려오자 그 황홀한 순간에 그만 깜박 잠이 든 것이었다. 우리가 이렇게 다정히 졸고 있을 때 버스가 지하철 공사 구간에 들어가며 크게 출렁이자 나의 586팬티엄 컴퓨터와 그녀의 단단한 돌머리가 측면 충돌을 한 것이었다.

나도 적이 당황했지만 그녀는 더더욱 놀랐는지 당황한 표정으로 황망히 일어서더니 서둘러 버스에서 내려버리는 것이었다. 아마도 그녀가 내려야 할 정류장을 그냥 지나친 듯 싶었다. 어쨌든 버스에서 서둘러 내리는 그녀의 뒷모습을 바라보는 나의 공허한 마음이란 마치 오랜 연인을 떠나보내는 듯한 아쉬움과 낯선 여인과 동침을 했다는 묘한 감정이 마음을 어지럽혔다.

나의 이야기는 여기서 끝났다.

음……. 네티즌 여러분의 실망스런 표정이 눈에 선하다. *^^*

좀 더 진전된 상황이 있었음 하는가? 히히히!

제 8 강

가랑이 자세에서의 공격법

가랑이 자세

가랑이 자세에서는 방어적 기능뿐만 아니라 공격적 기능을 무궁무진하게 펼칠 수 있는 자세이다.

와술의 공방 중 가장 많이 나오는 자세이며 이 자세로부터 공격과 방어가 시작되는 경우가 많다. 그러므로 당신이 밑에 깔려있다고 해서 불안해 할 필요가 없는 것이다.

가랑이 자세에서야말로 당신이 할 수 있는 최대한의 능력을 낼 수 있다.

01_ 타격

1_ 두 다리를 교차하여 발목을 서로 단단히 꼬아 상대가 몸을 앞뒤로 움직이지 못하게 한다. 상대의 펀치공격에 항상 대비한다.

2_ 몸을 일으켜 세워 오른손으로 상대의 뒷목을 감싸 잡아당기며 왼손으로는 상대의 오른팔을 봉쇄하여 움직이지 못하게 한다.

3_ 기회를 보면서 순간적으로 왼손 정권으로 상대의 관자놀이를 가격한다. 그 후 재빠르게 앞의 그림의 자세로 돌아오는데 기회를 봐서 이 동작을 반복하며 상대에게 데미지를 준다.

4_ 상대의 옆구리를 가격한다. 이때 더블 콤비네이션을 사용하여 옆구리와 관자놀이를 동시에 타격할 수 있다.

5_ 상대를 완전히 껴안아 방어하며 발뒤꿈치를 이용하여 상대의 웅치뼈나 허리 척추뼈 또는 허리근육이나 허벅지와 같은 급소를 연속적으로 타격하여 공격할 수 있다.

02_ 세모 조르기

1_ 가랑이 자세에서 오른손으로 상대의 오른쪽 옷깃 안쪽으로 손을 목뒤까지 깊숙이 넣어 잡는다. 이때 오른손 4개의 손가락이 안으로 들어가고 엄지 손가락이 밖으로 나오게 잡아야 한다.

2_ 반드시 오른팔 밑으로 손을 통과하여 상대의 왼쪽 도복깃을 목뒤까지 깊숙이 잡는다. 두 손은 반드시 손등이 밑으로 가게 만들며 엄지손가락이 상대의 목 쪽을 향하게 만들어야 한다. 역시 두 손의 모양은 똑같이 만들어야 한다.

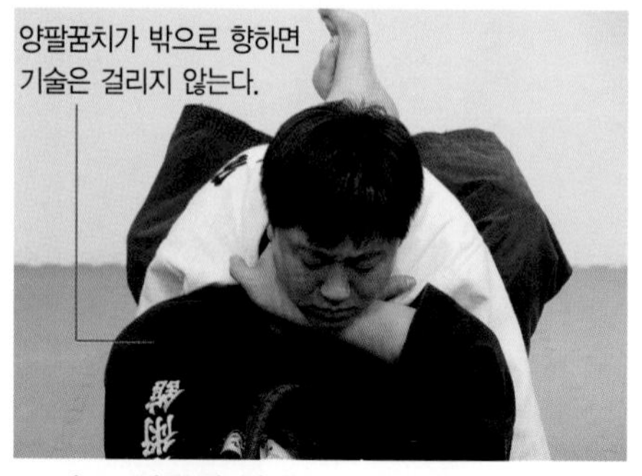

그림A_ 잘못된 자세

팔꿈치를 좌우로 벌려 조르기를 하는 오류를 범할 수 있는데 이는 매우 잘못된 방법이다. 팔꿈치가 밖으로 향하고 있으므로 조르기가 걸리지 않고 힘이 많이 소모된다.

3_ 팔꿈치를 자신의 몸쪽으로 당기면서 상대의 목에 압박을 주어야 한다. 상대의 펀치로 인한 안면방어를 위하여 당신의 얼굴을 상대의 옆머리 근처로 바짝 다가서게 해야 한다.

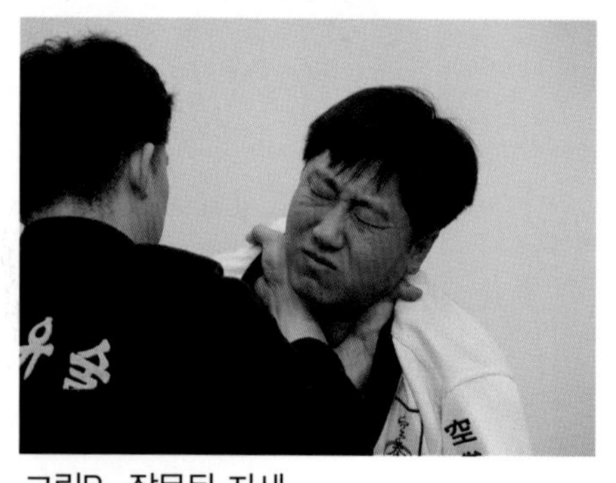

그림B_ 잘못된 자세

다음의 그림은 손의 모양을 확대한 것이다. 참고하기 바란다.

03_ 역조르기

정면 역조르기

1_ 당신의 오른손으로 상대의 왼팔을 제어하면서 왼손으로 몸통깃을 깊숙이 잡는다. 손가락 4개가 안으로 들어가게 잡아야 한다.

2_ 몸을 틀어 오른손을 목깃을 잡는데 이번엔 엄지손가락 한 개만이 안으로 들어가게 잡아야 한다.

3_ 몸을 바로 하고 지렛대의 원리로 조르기를 하는데 팔꿈치가 당신의 몸 안으로 들어오게 하면서 조르기를 구사한다.

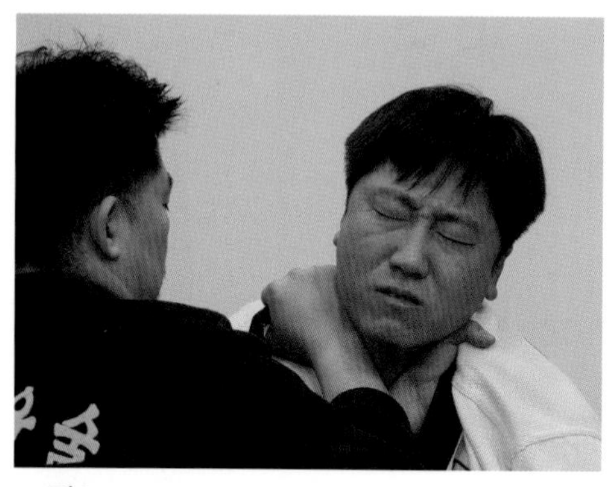

그림A

다음의 그림은 손의 모양을 확대한 것이다. 참고하기 바란다.

목 감아 역조르기

1_ 왼손으로 상대의 오른쪽 옷깃을 잡는다. 엄지손가락이 안으로 들어가게 잡아야 하며 될 수 있으면 깊숙이 잡는 것이 기술을 거는 데 있어서 유리하다.

2_ 이어서 오른손으로 한쪽 도복 깃을 같이 잡는데 이번엔 엄지손가락이 밖으로 나오게 잡는 것이다. 왼손등과 오른손등은 서로 반대 모양이 되어야 한다.

3_ 왼손을 상대의 머리 뒤쪽에서 머리 위쪽으로 돌려 상대의 머리가 밑으로 내려오게 만들며 동작을 계속한다.

4_ 회전을 계속하여 왼손이 상대의 왼쪽 도복깃쪽으로 오게 만든다. 이렇게 되면 당신의 왼손등은 하늘을 가리키게 될 것이다. 몸을 바로 하며 팔꿈치를 당겨 조르기를 실시한다.

다음의 그림은 손의 모양을 확대한 것이다. 참고하기 바란다.

그림A

04_ 옷소매 잡아 조르기

1_ 두 다리를 크로스하여 단단히 조이고 오른손으로 상대의 뒷목을 잡아당긴다.

2_ 완전히 껴안게 되는데 상대가 움직이지 못하도록 머리를 컨트롤하며 왼팔로 상대의 머리를 감싸 잡는다. 왼손 손가락 4개를 왼편 소매 끝으로 집어넣어 옷자락을 단단히 잡는다. 여기서 중요한 것은 오른쪽 소매자락을 걷어 올리며 팔꿈치까지 살이 드러나게 하는 것이다.

3_ 왼손을 상대의 얼굴 앞으로 이동시키며 오른쪽 손날부터 손목 쪽이 상대의 정면 기도 쪽으로 오도록 유도한다.

4_ 왼손은 당기고 오른손을 밀면서 손의 날로 기도나 경동맥을 압박하여 조르기를 실시한다. 왼손으로 잡고 있는 소매자락은 다시 원상 복구하여 상대의 목을 조를 때 헐렁하지 않도록 공간을 메우는 역할을 한다.

05_ 옷깃 잡아 돌아 조르기

상대의 배 밑으로 파고들어가 조르기를 구사한다.
팔을 감아 옷깃과 손목의 날로 조르기를 하는데 상대가 돌아 빠져나가지 못하도록 왼손의 역할이 중요하다.

1_ 오른손을 세모조르기식으로 상대의 오른쪽 옷깃을 잡는다. 이때 너무 깊이 잡지 않고 적당히 잡아도 기술이 유효하게 된다.

2_ 몸을 움직여 오른발을 상대의 고관절이나 옆구리앞쪽에 걸어둔다.

3_ 오른손으로 제어하는 힘과 오른발을 미는 힘 그리고 왼손의 작용으로 순식간에 벌떡 일어나 앉는다.

4_ 일어나는 순간 왼발을 오른발과 마찬가지로 고관절에 위치하게 하고 팔을 잡아 당기며 상대의 머리가 겨드랑이 안쪽으로 들어오게 만든다.

5_ 당신의 왼손은 상대의 오른팔 옷깃을 잡아 상대의 손의 움직임을 제어한다.

6_ 오른발과 왼발을 옆으로 이동시키며 당신의 머리를 상대의 옆구리 밑으로 가져간다.

7_ 머리를 배 밑으로 파고들게 하면서 왼손으로 상대의 왼쪽 겨드랑이 옷자락을 움켜쥐고 움직이지 못하게 한다.

8_ 좀 더 확실한 조르기를 완성하기 위하여 몸이 바깥쪽으로 빠져나온다는 느낌으로 자리를 잡고 오른손을 힘껏 당겨야 지렛대가 형성되어 조르기가 성립된다.

손의 모양을 확대한 그림이다. 손이 어떤 모양으로 상대의 목을 휘어 감았는지를 눈여겨 보기 바란다. 상대의 턱 안쪽으로 깊숙이 잡아야 하며 상대의 머리가 당신의 겨드랑이 사이에 완전히 끼워져 있어야 한다.

왼손과 오른손을 당기며 조르기를 구한다. 상대가 일어나려고 해도 일어날 수 없는 것이 당신은 두 손을 사용하여 상대의 상체에 매달린 꼴이 된다. 누워 있는 상대를 단순히 머리의 힘으로 들어올린다는 것은 사실상 불가능에 가깝다.

06_ 정면 맨손 조르기

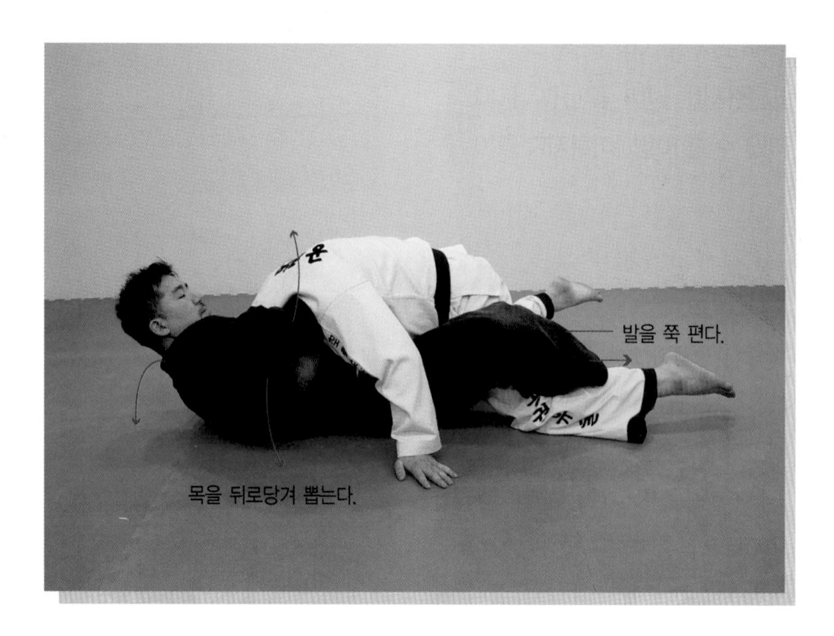

대표적인 맨손 조르기 중에 하나이다.
도복의 깃을 잡지 않고 정면에서 맨손으로 상대의 목을 뽑아당겨 조르기를 구사한다. 상대의 태클에 대한 방어기술로도 많이 사용되며 옷을 벗고 시합하는 서브미션의 경기에서 많이 볼 수 있다. 이 기술의 포인트는 역시 상대의 머리가 얼마나 깊숙이 당신의 겨드랑이 깊숙이 넣어져 있느냐와 정확한 손동작으로 얼마나 깊숙이 상대의 턱밑으로 손을 넣어 기술을 구사하느냐에 달려 있다.

1_ 오른손으로 상대의 등쪽 옷을 움켜잡는다. 또는 허리띠 목덜미 쪽을 잡아도 상관없다. 다만 감고 있는 두 다리를 바닥에 놓고 그것의 힘을 받으며 동작을 실시하라! 훨씬 부드러운 동작이 연출될 것이다.

2_ 다리의 힘을 빌리고 손을 잡아당기는 힘을 이용하여 바닥에 엉덩이를 붙여 앉는다.

3_ 오른손을 사용하여 상대의 목을 감싸 잡게 된다.

4_ 왼손으로 오른손을 보조해서 잡는데 반드시 상대의 오른팔 밖으로 빠지게 해서 잡아야 기술이 더욱 효과적이다.

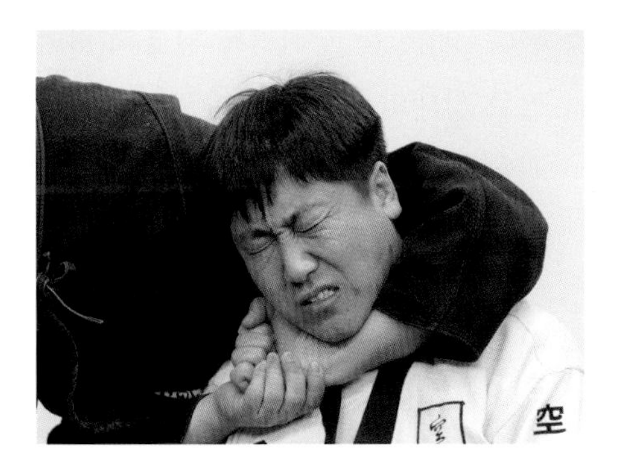

다음의 그림은 손의 모양이며 당신의 팔뚝이 상대의 턱밑으로 깊게 파고들어가 기도쪽에 걸려야 한다.

5_ 일단 상대의 목 기도 쪽에 당신의 팔뚝이 위치했다고 판단되면 다시 다리를 크로스 시키며 목을 잡아당기며 뒤로 눕는다.
다리를 크로스 시키는 이유는 상대가 당신의 가랑이 밖으로 탈출하는 것을 사전에 방지하기 위해서이다.

6_ 상대가 무릎을 꿇고 있거나 서있다면 기술이 효과적으로 들어가지 않으므로 당신의 발을 상대의 발목 쪽에 걸어야 한다.

7_ 두 다리를 펴게 되면 상대가 앞으로 엎드리게 되고 움직이지 못하게 된다. 배를 들고 허리를 뒤로 젖히며 팔로 상대의 목을 뽑는다는 느낌으로 기술을 행한다.

07_ 좌식 십자꺾기

상대가 가랑이 자세에서 있을 때 몸을 좌우로 돌리며 십자꺾기를 하는 기술이다. 여기서 중요 포인트는 기술을 걸 때 상대를 힘으로 밀어 당신의 다리를 상대의 목에 거는 것이 아니라 당신 스스로 몸을 옆으로 이동시켜 기술을 자연스럽고 빠르게 행하는 것이다.

1_ 상대가 두 손을 가슴 위로 올려 놓았다면 다음과 같이 기술을 구사할 수 있다.

2_ 왼손의 바닥으로 상대의 오른팔뚝을 잡아 손을 밑으로 빼지 못하게 고정시키고 오른손으로는 상대의 목 전체를 잡아 당겨 머리를 위로 올리지 못하도록 압박한다.

3_ 계속해서 상대의 오른쪽 팔뚝을 가슴쪽으로 당겨 밀착시키면서 왼발을 풀어 발바닥 전체를 상대의 골반쪽에 지지시키고 가랑이를 조이게 되면 상대의 오른팔 전체가 잠기게 되어 손을 빼기가 힘들게 된다. 계속해서 오른손을 잡아당겨 머리를 숙이게 하여 상체를 들어 빠져나가는 것을 방어한다.

4_ 왼발을 밀어 몸이 우측으로 빠지게 만들며 오른다리를 들어 오금 부근이 상대의 겨드랑이 위쪽 부분에 닿도록 밀착시킨다. 이와 같은 동작은 동시에 일어나야 하므로 많은 연습이 필요하다.

5_ 오른손을 밀어 공간을 확보한다. 이와 같은 행위는 당신의 왼발이 부드럽게 상대의 목에 걸리게 하기 위함이다. 변함없이 상대의 오른팔을 잡아당기는 것이 포인트이다.

6_ 왼발을 원을 그리듯이 돌리며 상대의 목에 건다. 상대는 계속해서 앉아있는 자세가 된다. 이때 주의할 점은 상대를 힘으로 옆으로 이동시키는 것이 아니다. 반드시 당신이 몸을 돌려 옆으로 이동해야 한다. 관절을 꺾는 절대적인 요령은 두 다리를 내려서 상대의 중관절을 꺾는 것이 아니다. 반드시 당신의 엉덩이를 들어 관절이 펴지게 하는 것이다. 많은 이들이 이것을 잘못 이해하여 힘으로 상대를 제압하고자 한다. 역시 테크닉의 부족과 관절기의 이해부족으로 생기는 현상이다.

상대가 팔을 펴고 있을 때

1_ 만약 그림과 같이 상대가 두 팔을 쭉 편다면 당신은 매우 당황해 할 수 있다. 이러한 상태가 되어도 좌식 십자 꺾기는 충분히 가능하다.

2_ 우선 두 손으로 상대의 손목을 잡는다. 상대의 손바닥 전체가 가슴에 밀착되어있기 때문에 다른 부위는 잡아도 소용이 없다. 당신은 오른손을 사용하여 상대의 뒷목을 잡고 싶을 것이다. 그러나 상대방의 얼굴 높이가 너무 높아서 사실상 불가능하다.

3_ 왼발과 오른발을 이용하여 한 동작으로 몸을 돌려 상대의 옆으로 이동시킨다.

4_ 왼쪽 다리를 원을 그리며 이동하고 곧바로 상대의 목에 다리를 걸 준비를 한다.

5_ 다리를 걸어 제압하는데 상대의 머리가 당신과 많은 공간으로 벌어져 있으므로 다리를 감는 순간 엉덩이를 높이 들어 관절기를 실시한다.

상대가 힘으로 완강히 저항할 때

1_ 상대가 당신보다 근력이 뛰어나고 몸무게가 많이 나가 당신의 기술을 힘으로 제압하여 체중을 밀어붙여 팔을 구부리고 꺾기를 방어할 수 있다.

2_ 왼손으로 꺾는 팔을 단단히 부여잡고 오른손을 상대의 가랑이 사이에 넣어 안쪽 허벅지를 감아 잡는다. 만약 거리가 못 미친다면 무릎 근처의 옷자락을 잡을 수 있다.

3_ 두 다리를 밑으로 힘차게 내리며 오른손을 이용하여 상대의 오른쪽 다리를 하늘로 치켜 올린다.

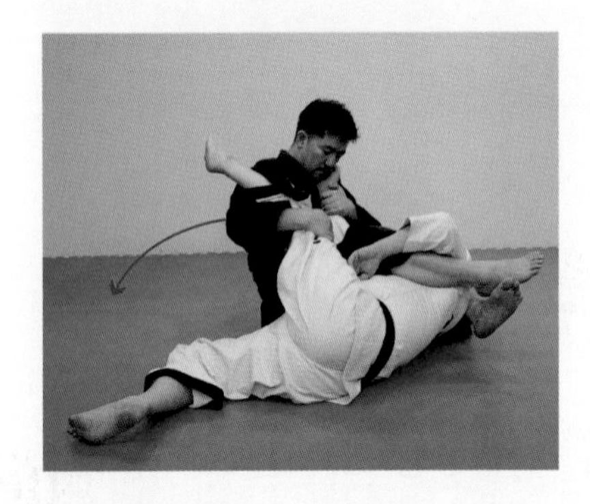

4_ 상대가 옆으로 쓰러지면 그 힘을 이용하여 당신도 재빨리 따라 앉아 자세와 자리를 고쳐 잡는다. 이 순간 당신의 오른손은 상대의 발목 근처로 이동시켜서 팔오금에 단단히 걸어둔다.

5_ 왼손으로 상대의 팔을 잡고 오른손을 잡아 당기며 제자리에 누어 배를 들어올려 꺾기를 시도한다.

좌식 십자꺾기를 시도하기 전 상대가 팔을 뺄 때

이와 같은 기술은 필자가 제자들과 스파링을 하면서 장난삼아 해 본 기술인데 제법 효과적이었다. 와술이란 몇 가지의 기술을 익힌다면 스스로 능동적으로 기술을 개발할 수 있다. 워낙 방대한 기술들이라 이 자리에서 전부 소개 드리지 못한 점이 죄송스러울 뿐이다.

1_ 그림에서와 같이 당신이 몸을 돌려 십자꺾기를 구사하려 할 때 상대가 이를 눈치 채고 팔을 뺄 수가 있다.

2_ 오른발을 땅에 내려놓고 반대편으로 몸을 순간적으로 회전하기 위해서 발을 박차 회전한다.

3_ 180도의 회전이 필요하므로 기본 기초가 충실하여야 한다. 좌식 십자꺾기를 많이 수련하면 자연스럽게 기술을 행할 수 있을 것이다. 그림의 왼발을 주시하기 바란다. 발등은 상대의 뒷목에 걸려있고 무릎은 구부러져 있으며 무릎은 당신을 향해 있다.

4_ 계속해서 회전하며 오른발을 원을 그리며 이동시킨다. 이와 같은 동작은 찰나에 일어나는 현상이다.

5_ 회전시키는 오른발을 상대의 오른쪽 안면의 목 쪽에 건다.

6_ 왼손을 가랑이 사이에 넣어 상대가 움직이지 못하도록 자물쇠를 채운다.

7_ 왼손을 힘차게 들어올리고 두 발을 상대의 머리 너머로 내리며 자리를 박차고 일어난다.

8_ 상대가 넘어가면 동시에 자리에서 일어서서 자리를 잡는다.

9_ 두 다리를 조이며 꺾기를 실시한다.

08_ 'ㄷ'자형 꺾기

'ㄷ' 자형 꺾기는 일명 기무라 꺾기로도 불린다.

일본의 유도 선수가 이러한 기술을 주로 사용하여 시합에서 좋은 성과를 얻어 그 이름을 인용하여 부른다. 상대의 어깨관절에 압박을 주어 항복을 받아내는 기술로 와술에서는 빼놓아서 안 될 필독서와 같은 테크닉 중 하나이다.

어깨에 많은 압박을 받아 조금만 힘을 주어도 쉽게 탈골시킬 수 있다.

1_ 왼손으로 상대의 오른손목을 잡는다. 상대 손목을 수월하게 잡기 위해서는 가랑이 자세에서 뒤로 약간 빠지면서 물러나는 것이 요령이다.

2_ 만약 몸을 일으켜 세우기가 곤란하다면 상대의 허리띠를 잡고 의지하여 몸을 세울 수 있다.
몸을 돌려 오른손을 상대의 머리 위로 넘긴다.

3_ 이후 오른손을 상대의 팔 밑으로 넣어 팔을 얽어 잡는다.

4_ 팔 얽어 잡기가 끝나면 바로 제자리에 눕는다.

5_ 두 팔의 힘을 이용하여 팔을 상대의 등 뒤로 물러나게 하고 몸을 좌측으로 돌려 뺀다. 상대를 옆으로 미는 것이 아니라 당신이 스스로 몸을 옆으로 비키는 것이다.

6_ 몸이 완전히 빠지면 왼다리를 상대의 등에 올려 회전하는 것을 방지하며 두 팔을 위로 비틀어 관절기를 시도한다.

다음의 그림은 독자여러분의 이해를 돕고자 손의 모양을 확대한 것이다.

기무라 마사히코에 대해서

일본 유도의 신적인 존재로 29살의 나이에 유도 7단에 오르게 된다.
171cm의 키에 84kg의 체중이었던 기무라는 20살에 전 일본 유도 무제한급 챔피언이 되었으며 13년간 한 번의 패배도 없이 이 타이틀을 지켜내게 된다.
1950년 유도계를 떠나 프로유도가 겸 프로레슬러가 되었고, 역도산의 프로레슬링 데뷔경기, 태그팀 파트너로 활약한 기무라는 역도산과도 경기를 한 적이 있는데, 이때 기무라가 패하게 된다.
역도산이 당시 생활고에 찌든 기무라에게 거액을 주고 경기를 치른 것이라는 일화가 있는데, 무도가로서 안타까운 현실이라고 후인들은 입을 모아 말한다.
"내가 인정한 유일한 무도가도 황금 앞에선 광대가 되는구나……."
다음의 말은 최영의 선생의 자서전에 나오는 말이다.
엘리오 그레이시와 경기를 한 것은, 1951년 기무라가 야마구치, 가토와 함께 브라질에 초대되면서부터였다. 당시 기무라는 34세, 야마구치는 6단, 가토는 5단이었다고 전해진다.
엘리오가 가토에게 도전하여 가토를 조르기로 실신시켰고 브라질의 영웅이 된다.
몇 주 후 야마구치와 기무라에게도 도전을 하는데, 야마구치는 이를 거절하였지만 기무라는 기꺼이 받아들인다.
기무라는 여러 가지 유도기술로 엘리오를 공격했지만 엘리오는 견뎌낸다. 기무라가 엘리오를 누르기로 공격했고, 그 뒤 'ㄷ' 자형 꺾기로 엘리오의 왼쪽 팔꿈치를 부러뜨리고 난 뒤에야 그레이시 세컨에서 타올을 투입, 기무라의 TKO 승리가 되는데, 이 후 이 기술을 'Kimura Lock (기무라 락)' 이라고 부르게 된다.

정면 위누르기 후 목 당겨 꺾기

1_ 'ㄷ'자형 꺾기를 시도하려는데 상대가 자신의 띠나 바지옷깃을 잡아 이를 저지하며 방어할 수 있다.

2_ 오른손은 단단히 조이고 왼손을 풀어서 바닥에 지지하며 몸을 비스듬히 세운다.

3_ 상대를 넘기기 위해선 더욱 몸을 세워 일으켜야 한다.

4_ 다리를 넘기는 힘과 오른손을 당기는 힘 그리고 왼팔을 미는 힘을 이용하여 상대를 옆으로 굴려 넘긴다.

5_ 상대가 완전히 넘어가면 당신은 상대의 왼쪽 편에 자리 잡게 되고 정면 위누르기 자세가 성립되어 매우 유리한 자세로 변형된다.

6_ 일단 상대가 넘어가면 오른손을 풀어 상대의 머리 뒤쪽으로 이동시키며 목 전체를 감싸 잡는다. 그림에서 보는 바와 같이 왼손은 바닥에 단단히 밀착시키고 힘을 주어 공간을 확보한다.

7_ 상대의 등과 바닥의 사이가 너무 벌어지지 않도록 체중을 앞으로 하며 힘을 주어 목을 당겨 뽑듯이 꺾기를 시도한다.

09_ 발 삼각구 조르기

손으로 하는 세모 조르기와 비슷한 원리이나 다만 상대의 목 전체를 압박하는 면에서 차이가 있다. 또한 발의 힘이 손의 힘보다 훨씬 강하므로 일단 발 삼각구 조르기에 걸리면 순식간에 기절을 면치 못한다.

상대가 탈출하기 위해서는
가랑이 사이로 손을 넣는다.

1_ 상대가 가랑이 자세를 탈출하기 위하여 한 손을 가랑이 밑으로 집어넣는다면 당신은 재빨리 오른손으로 상대의 목덜미를 잡아당긴다.

2_ 왼발로는 상대의 오른쪽 하복부 근처나 골반 쪽으로 놓이게 하며 다리를 들어 당신의 오금이 상대의 뒷목에 밀착되도록 유도한다.

3_ 몸을 우측으로 이동시킨다. 이때 계속해서 상대의 오른쪽 손을 잡아 당신의 몸쪽에 밀착시켜 팔을 빼내지 못하도록 한다.

지지대로 엉덩이를 올린다.

겨드랑이 사이로 완전 밀착시킨다.

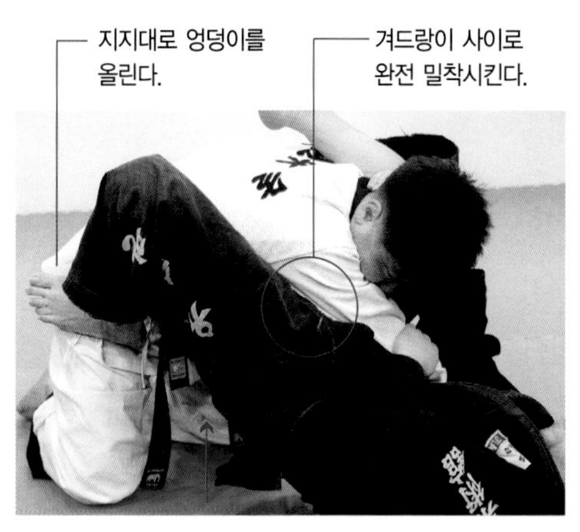

엉덩이를 들어 올린다.

4_ 가장 핵심적인 포인트이다. 많은 사람들이 이 미묘한 기술 차이로 인하여 기술이 성립되고 성립되지 않는다. 왼발을 지지대로 하여 엉덩이를 들어 상대의 오른쪽 겨드랑이가 당신의 사타구니에 완전히 밀착될 수 있도록 해야 한다.

5_ 왼손으로 당신의 오른쪽 발목을 잡는다. 물론 계속해서 상대의 목을 압박한다.

6_ 왼발의 오금이 당신의 오른발목 윗부분에 올라가게 하여 무릎관절을 구부린다. 여기서 반드시 지켜야 할 사항은 잘못된 기술로 당신의 발가락 근처에 오금이 와서는 안 된다는 것이다. 발목에 심각한 부상을 초래할 수 있다. 발목 깊숙이 오금을 걸어야 한다는 사실을 기억하기 바란다.

7_ 두 손을 놓아도 상대는 반항할 수 없게 된다. 이 자체만으로 상대는 기절할 수 있다. 좀 더 확실히 제압하고자 한다면 두 손을 깍지 껴서 상대의 뒷머리를 잡고 몸쪽으로 당기면서 허리를 들어올린다.

보너스 테크닉

1_ 상대가 반항하여 기술이 잘 통하지 않는다면 다음과 같은 기술을 시도해 본다.
왼손이나 오른손 혹은 두 손을 이용하여 상대의 오른팔을 좌측으로 구부려 꺾는다. 중관절에 심한 통증을 유발시킬 수 있다.

2_ 오른손으로 상대의 오른손등을 감싸 잡고 왼손을 상대의 팔 안으로 집어넣어 팔 얽어 손목 눌러 꺾기를 시도한다.
주의할 점은 손목을 비틀어 꺾는 것이 아니라 힘을 이용하여 눌러 꺾는 것이다.

손의 모양을 확대한 것이다.

3_ 상대의 관절을 완전히 펴지게 한 후에 배를 들어올려 팔꿈치관절을 과도하게 펴지게 한다.

10_ 거북이 올라 발 감아 당기기

상대의 공격을 방어하며 역습하는 기술이다.
보통 백포지션을 선점하기 위해서 자주 사용되는데 설사 발 감아 당기기를 사용하지 않더라도 뒤로 붙어 조르기를 시도할 수도 있다.

1_ 상대가 두 손으로 당신의 목을 조른다.

2_ 오른손을 상대의 두 팔 밑으로 이동시켜 몸을 옆으로 하여 상대의 오른쪽 손목 쪽을 밀어 젖힌다.

3_ 몸이 완전히 옆으로 빠지면 상대의 오른팔을 제어하여 상대가 몸을 돌리지 못하도록 한다. 될 수 있다면 팔꿈치의 옷자락을 잡는 것이 유리하다.

4_ 상대의 등쪽으로 붙기 위해선 왼손으로 상대의 왼쪽 겨드랑이 밑의 옷자락을 잡고 그것을 의지하여 상대의 등 쪽으로 붙는다.

5_ 완전히 상대의 등에 올라타기 전 오른발을 상대의 가랑이 사이에 넣는 요령이 필요하다.

6_ 몸을 반대로 돌리며 오른발을 더욱 깊숙이 넣으며 상대의 오른쪽 오금 안쪽에 자신의 오금이 오도록 밀착시킨다. 왼손과 오른손을 이용하여 상대의 발등을 감싸 잡는다.

7_ 확실하게 기술이 들어가기 위해선 상대의 오금에 끼워진 당신의 발이 깊숙이 들어가 완전히 밀착된 상태가 되어야 한다는 것이다.

8_ 체중을 이용하여 뒤로 누우며 잡아당기면 꺾기가 성립된다.

11_ 상대의 탈출을 역습하는 방법

가랑이 사이에 갇혀 있을 때 가장 우선적으로 할 일은 두말할 것도 없이 가랑이 사이에서의 탈출이다. 이것은 위에 있는 사람보다 밑에 있는 사람이 훨씬 유리하게 작용될 수 있기 때문이다. 위에 있는 사람의 기술은 분명 한정되어 있어 가랑이 사이에서의 탈출을 꾀하여 상대의 옆으로 돌아 좀 더 좋은 포지션을 만들기 위해서 노력한다.
이번 장은 빠져나가려고 하는 상대를 역으로 공격하여 좋은 위치 선점이나 항복을 받아낼 수 있는 기법을 연구해 보자!

두 다리 잡아 넘기기

1_ 상대가 탈출하기 위하여 몸 당겨 나오기는 팔꿈치 눌러 나오기를 실시하려고 한다. 이때 당신은 상대의 양소매깃을 잡는다.

2_ 기술이 여의치 않자 상대가 제자리에 일어서 빠져나오기를 하려고 한다.

3_ 중심을 뒤로 하여 두 손으로 양쪽 발목을 잡는다. 잡은 발목을 잡아당기며 두 발을 힘차게 밀어 넘어뜨린다.

4_ 상대가 넘어짐과 동시에 그 반동으로 일어나 앉는다.

5_ 계속해서 몸을 앞으로 이동시키며 탄력적으로 정면 위누르기로 들어간다.

한쪽 다리 잡아 걸어 넘기기

1_ 상대가 탈출을 시도한다.

2_ 두 손으로 상대의 소매자락을 잡으며 두 발을 하복부에 고정시킨다.

3_ 오른손으로 상대의 오른쪽 소매를 바꾸어 잡고 왼발을 가랑이 사이에 넣고 왼다리를 건다.

4_ 몸을 옆으로 하며 일으키면서 왼손으로 상대의 오른쪽 발목을 잡는다.

5_ 오른발을 상대의 오른쪽 골반쪽을 힘차기 밀며 왼손은 당긴다. 이때 왼발 또한 보조하여 상대의 왼발이 뒤로 물러서서 균형잡는 것을 방어하며 잡아당긴다.

6_ 양발을 사용하지 못하는 상대는 뒤로 넘어진다.

7_ 상대가 넘어짐과 동시에 자리를 박차고 일어난다.

발목 비틀기

상대의 발목을 비틀거나 조여서 꺾는 기술로 발목에 타격을 주는 기법이다. 발은 신경이 매우 예민한 부분이라 조금만 타격을 가해도 치명상을 줄 수 있다. 발목을 꺾는 최종기법보다 이전 기술이 더욱 중요한데 상대가 일단 빠져나가지 못하게 하는 것이다. 이것은 두 다리를 사용하여 상대가 좌우 전후로 이동하지 못하게 발로 완전히 엮는 것이다.

1_ 상대가 탈출하기 위하여 몸을 일으켜 세운다.

2_ 두 손으로 상대의 소매를 잡으며 두 다리를 풀어 하복부에 밀착시킨다.

3_ 왼손으로 상대의 왼쪽 소매를 잡으며 몸을 틀어 오른손으로 상대의 오른발목 쪽을 잡으며 몸을 45도 이상 돌린다.

4_ 겨드랑이에 상대의 발목을 단단히 조이고 오른발을 가랑이 안쪽으로 넣어 상대의 왼발을 감는다.

5_ 몸을 틀며 왼발로 상대의 오른쪽 허벅지 안쪽을 밀어붙인다. 이때 오른발은 상대를 뒤로 넘기기 위하여 뒤쪽으로 힘써야 한다.

6_ 일단 상대가 넘어지면 몸의 위치를 뒤쪽으로 붙게 만들어 상대의 다리가 V자가 되도록 한다.

7_ 감겨진 오른발을 왼발의 오금 사이에 끼워 넣고 허리를 뒤로 젖혀서 발목 비틀기로 마무리한다.

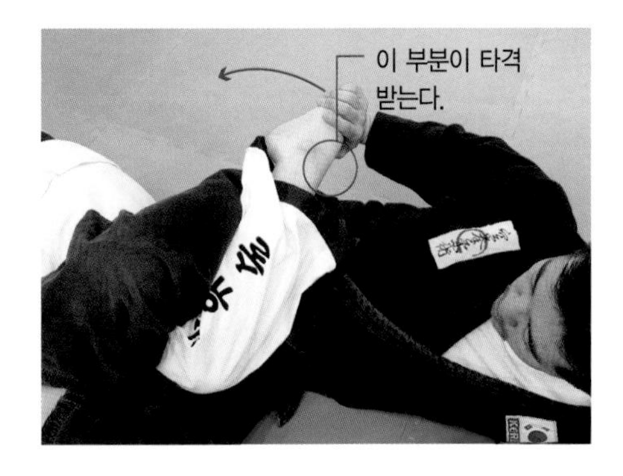

8_ 또는 발목 눌러 꺾기로 마무리 할 수 있다.

입식 십자꺾기

1_ 상대가 무릎을 세워 일어서려고 할 때 당신은 상대의 소매깃을 잡아 손을 사용하지 못하도록 방어한다.

2_ 몸을 우측으로 회전시켜 몸이 직각이 되게 만든다.

3_ 왼쪽 다리를 상대의 목에 걸고 오른손을 가랑이 사이에 넣고 상대의 발목을 잡는다. 이것은 상대가 다리를 뒤로 물러나며 방어하기 곤란하게 만들기 위해서이며 좀 더 안정적으로 입식 십자꺾기를 구사하기 위함이다.

4_ 배를 들어올려 상대의 팔이 과다하게 펴지게 만든다. 허리를 활 같이 휘게 하며 오른손을 이용해 힘을 쓸 수 있다.

12_ 좌식에서 가랑이 자세 만들기

1_ 맞잡기로 서로 대적한다.

2_ 맞잡기에서 오른발을 세워 상대 쪽으로 바짝 들어가며 상대의 오른팔과 목을 잡아당긴다.

3_ 순간적으로 뛰어들어 상대를 자신의 가랑이에 가둔다. 다리를 교차시켜서 상대가 좌우전후로 빠져나가지 못하게 고립시킨다.

강준의 무술이야기

읽거나 말거나!!(6)

〈첫경험 2편〉

필자가 무술에 입문하면서 '업어치기야말로 이렇게 하는구나!' 하는 충격적인 첫경험 이야기를 다시 한번 이야기해 보고자 한다.

어려서 유술에 입문하였고 중학교에 들어가자마자 유도부에 입문하여 유도에 열중했다. 하루 7시간의 수업 중 3시간만 수업을 하고 나머지 시간은 유도부에서 훈련으로 보내고 있었다.

처음 유도부에 입문하자 전방회전낙법을 배우게 되었다. 그러나 이것은 일찍 유술관에서 배웠던 터 나에게 있어서는 '첫!' 이라는 콧방귀만 나오게 하였다. 그때 나의 마음은 이러했다. "빨리 멋진 기술을 보여줘! 나에게 기막힌 기술을 가르쳐 줘! 유도가 어떤 무술인지 멋진 '첫경험' 으로 남게 해줘!!" 끊임없이 외치는 나의 마음에도 불구하고 2학년 선배들은 전방낙법과 후방낙법을 되풀이 시켰다. 정말 나에겐 지겨운 '첫경험' 이 아닐 수 없었다.

줄지어 낙법을 할 때 '붕붕' 날며 월장낙법을 하는 나를 보고 선배나 코치 심지어는 감독님도 놀라움을 금치 못했고 다시 한번 해 보라며 칭찬을 아끼지 않았다. 하지만 반복되는 낙법. 그 지루함이란…….

몇 주 후 드디어 업어치기를 수련하게 되었다.

"아~ 설렘. 나의 중학교 시절의 유도부 생활이여! 지금부터 시작이다!!"

하루 5~7시간을 수련하는 학교 유도부는 정말 엄청난 훈련량을 소화해야 했다. 특히 시합날짜가 잡히면 아침 훈련과 밤 훈련 그리고 합숙이 이루어졌다. 처음 유도부에 입부했을 시기에는 더욱 부원들이 긴장해 있었는데 몇 주 후면 '중학유도선수권대회' 날짜가 잡혀 선배들의 신경이 날카로워져 있다는 것을 분위기로 알 수 있었다. 그런 틈바구니에서 업어치기를 연습하는데…….

잉? 업어치기를 한 2시간 하니까 손만 대도 상대가 넘어가는 기분이 들었다. 2, 3학년 선배들은 모두들 대련을 하고 있었고 나도 어서 그 틈바구니 안에서 수련하고 싶은 생각이 굴뚝같았다. 업어치기를 3시간 정도 했을 때, 그것이 너무나 지겨워서 바닥에 주저 앉아서 동료와 노닥거리고 있는데 뒤에서 뭔가가 나의 머리를 건드렸다.

뒤를 돌아보니 2학년 주장이 몽둥이를 들고 서있는 것이 아닌가?

"열심히 수련하지 않고 이 놈들이 농땡일 치네. 엎드려 뻗쳐!! 자식들아!!"

1학년 회원들은 모두 기합을 받았다.

"업어치기는 잘 할 수 있으니까 뭔가 다른 기술을 가르쳐 주세요!!"

간도 크지. 나의 입에선 이런 말이 생각지도 않게 불현듯 튀어나왔다.

선배가 어이가 없다는 듯이 다가와 사정없이 빳다 두 대를 치고는 3학년 주장에게 다가가 뭔가 '속닥' 거리는 것이 아닌가? 이제 죽었다. 나의 머리 속에 '죽었다' 라는 말이 맴돌았다. 주장이 손가락을 '까닥' 거리며 매트 위로 올라오라는 사인이 떨어졌다.

학교의 유도장은 4각의 넓은 공간으로 이루어져 있었는데 수련장은 통로보다 무릎 위 정도 높게 만들어져 있었다(70~80명이 동시에 수련해도 공간이 넉넉할 정도의 크기였으며 통로에도 유도매트가 깔려 있었다). 그럼에도 불구하고 1학년 초보자는 통로에서 수련을 해야만 했고 수련장의 위는 청소할 때만 올라갈 수 있었는데 그 곳의 중앙에 선배님들에게 둘려 싸여 있다는 것이 긴장감을 더하게 했다.

"업어치기를 완성했다구? 2학년과 시합을 해 봐라! 어떠한 기술이든지 수단과 방법을 가리지 않고 단 한번이라도 상대의 무릎 이상 닿게 되면 너의 승리다! 만약 지면 죽는다!!"

하늘같은 주장의 말씀이 떨어졌다.

사실 나도 웬만한 2학년 유도부의 선배들과 시합을 한다면 이길 수 있다는 자신감이 있었다. 통로에서 수련하다가 단상의 수련장을 올려다보면 그들은 서로 상대를 넘기기 위해서 몸부림을 치지만 그들의 행동이 여간 우스운 것이 아니었다.
"저걸 못 넘기다니……. 등신들."
밭다리만 살짝 걸어도 넘어갈 것 같은 기분이 들었다. 또한 그들이 운동을 해봤자 1년뿐이 더했나? 나 또한 무술을 지금껏 해 오지 않았는가? 하는 자신감이 충만해 있던 것이었다.
2학년이 쭈~욱 늘어섰고 나와 대전할 상대가 결정되었는데……. 잉? 평소에 까불거리고 덤벙대며, 같은 학년끼리 바보 같다고 말을 듣는, 교실복도를 오가며 가끔 본 적이 있는 선배였다. 더군다나 그는 키가 단신이고 몸이 마른 편이었다. 잡고 흔들기만 해도 비실거릴 것 같은 2학년.
"헤헤!! 힘으로 해도 넌 한방에 한판승이다!"
나의 입가에는 미소가 어렸다.
주장이 이상하게시리 2학년에게 다음과 같은 말을 한다.
"업어치기만 해라!"
'…? 이놈들 이게 무슨 뜻인가? 업어치기만 하라니……?'
"준비~~시작!"
가운데에서 인사를 하고 시작을 알리는 주장의 외침과 함께 잉? 이게 뭔가? 나의 몸은 순식간에 공중에 떠 있었고 이윽고 바닥에 뉘어져 있었다. 뭐가 뭔지 알 길이 없었다. 그가 나에게 다가와 '옷깃을 잡으려고 하는구나!' 라고 생각했고 그 후에는 내가 바닥에 뉘어져 있었던 것이었다.
"어? 잠깐만요. 제가 준비가 안 되었습니다! 다시 한번만 기회를 주십시오!"
발갛게 홍조 띤 얼굴에 당황하는 나의 모습. 요청은 곧 받아들여졌다.
"시작!!"
'쿵!' 소리와 함께 역시 결과는 마찬가지였다. 옷을 잡힌 지 10초도 안된 상태였고 난 그가 업어치기로 공격할 것이라는 것을 알고 대비해 있던 상태였음에도 불구하고 일어난 일이었다. 2학년 선배들의 '킬킬' 거리며 웃는 웃음소리가 끊이지 않았다. 눈에서 맑은 물이 흘러내렸다.

"이것이 업어치기구나!"

그 날 원산폭격이란 것이 무엇인지? 또한 줄빳따가 무엇인지 몸으로 느낄 수 있었다. 그 후로부터 1학년은 6개월이 되어서야 수련장 위로 올라갈 수 있었고 수련에 참석하여 본격적인 기술을 익힐 수 있었다.

중학교의 1, 2학년의 유도는 기초에 기본을 둔 훈련을 했다. 매치기는 업어치기나 밭다리 후리기 또는 허리 후리기와 같은 커다란 기술을 중점적으로 훈련했다. 조잡하게 넘기어 효과나 유효이상 나오지 않는 기술은 감독과 코치님에게 제재를 받기도 했다. 그것은 마치 검도도장에서 초보자에게 큰머리치기를 중점적으로 연습시키는 것과 마찬가지였다. 누가 검도장에 입문하면 찌르기를 먼저 지도하겠는가?

승부에서 이기는 것 이상으로 무술에서는 도(道)적인 측면이 자리 잡은 것이었다. 또한 중학의 유도시합은 성인이 하는 시합과는 차이가 있었다. 굳히기에도 관절 꺾기는 반칙으로 규정되어 있었고 학생으로서 매너 없는 행동은 시합에서 즉각 제재를 받아 패배로 이어졌다.

그 사건의 이후로 나는 죽도록 업어치기를 연습하게 되었다. 모두들 업어치기는 기본으로 하루 수천 번씩 반복 연습하지만, 나는 그들보다 더 많은 연습이 필요하다고 생각했다.

1학년 말쯤 되면 주장이 개인에게 특기를 지정해 준다. 특기를 지정받으면 하루 수백 번의 연습시합에서 그 기술을 결정적인 순간에 사용하여 실전시합에서 좋은 결과를 얻기 위함이다(엘리트 체육은 수련시간이 거의가 연습대련으로 이루어지며 로테이션 대련을 원칙으로 한다. 대련시간은 하루 3~4시간 이상씩 하게 되는데 많은 체력을 소모하여 체력이 딸리는 사람은 금방 먹은 것을 토하고 만다).

나는 서슴없이 업어치기를 선택하여 허락을 받았다. 2학년 말이 되면 특기를 추가로 한 개 더 개발하여 연습할 수 있었다. 그때도 나는 두 팔 업어치기에서 한 팔 업어치기를 추가로 특기를 삼았다. -_-;;

3학년이 되었을 때는 업어치기를 귀신처럼 하게 되었는데…….

'안뒤축걸기' 나 '모두걸기' 등과 같은 다리기술로 연계되는 콤비네이션 업어치기 기법은 감독님으로 하여금 '빠르다' 라는 감탄사를 받기도 했다.

나의 중학교 유도부에서 시작된 첫경험은 아직도 나의 뇌리에 분명히 남아있다. 지금은 입가에 미소를 짓게 하는 추억이고 풋내 나는 무술초년생의 사건이었지만 그때의 일로 인하여 나는 나의 인생에 많은 전환점이 되기에 충분했다.

어린시절 무술에 입문하여 젊은 청소년기를 거치며 거의 대부분의 개인시간을 훈련에 할애하였다. 같은 또래의 친구들이 당구장이나 수영장 또는 극장이나 햄버거 집에서 하루를 보낼 때 나는 땀 냄새 나는 도복을 입고 수련장에서 젊은 청춘을 그렇게 보내고 있었다.

우리가 살아가면서 분명 '첫경험' 은 어떤 일을 하기 위한 동기와 전환점이 된다.

당신의 첫경험은 어떻습니까?

당신이 처음 도장에 들어섰을 때의 설렘, 처음 도복을 지급받았을 때의 감동 그리고 처음 기술을 익혔을 때의 환희. 이런 첫경험의 느낌을 지금도 간직하고 계신지요? ^^

제 9 강

가랑이 자세에서의 탈출과 공격

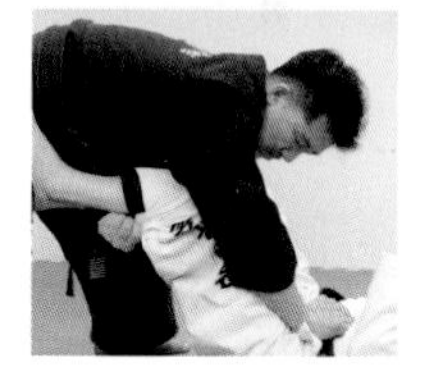

가랑이 자세에서의 탈출과 공격

당신이 상대의 가랑이 사이에 갇혀 있다면 최선의 방법은 탈출하는 방법이다. 물론 타격기를 전문적으로 사용할 수 있는 테크닉이나 그것이 허락되는 경기규칙이 있다면 가랑이 사이에서 펀치나 팔꿈치 치기의 공격이 가능하다. 그러나 오로지 유술로 사용하는 것이라면 밑에 있는 사람보다 위에 있는 사람이 훨씬 불리할 수 있다.
제9강에서는 가랑이 자세에서 어떻게 탈출하여 유리한 자세나 유리한 공격을 할 수 있는지에 대해서 자세히 알아보고자 한다.

01_ 팔꿈치 눌러 나오기

1_ 두 손으로 상대의 허리띠를 잡으며 몸을 뒤로 젖힌다. 이것은 상대가 당신의 몸통 깃을 잡는 것을 방어하면서 실시해야 한다.

2_ 상대가 당신의 몸통 깃을 잡으면 팔꿈치 눌러 나오기를 구사하기 매우 힘들어질 수 있다.

3_ 두 팔꿈치를 상대의 허벅지 안쪽에 밀착시키고 팔을 좌우로 벌리며 누르게 되면 상대의 꼰 다리가 벌어지게 되며 풀린다.

팔꿈치 눌러 가로누르기

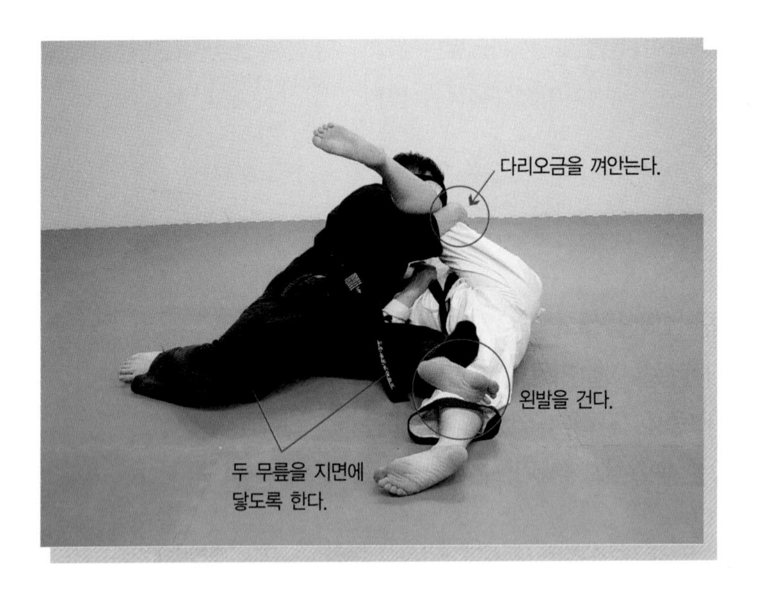

1_ 팔꿈치 누르기를 실시한다.

2_ 계속해서 상대의 안쪽 허벅지에 오른쪽 팔꿈치를 밀착시키고 왼손으로 상대의 허벅지를 눌러 바닥에 고정시킨다. 이것은 상대가 당신의 허리를 다리로 감는 것을 예방하는 차원에서이다.

3_ 왼손을 빼면서 왼무릎을 상대의 오른다리 허벅지 깊숙이 얹는다. 이때 무릎 앞으로 누르기를 하지 말고 정강이 전체가 허벅지를 압박할 수 있도록 깊숙이 자리를 잡는다.

4_ 오른손으로 상대의 안쪽 허벅지 바지자락을 잡고 왼손으로는 상대의 목깃을 잡는다.

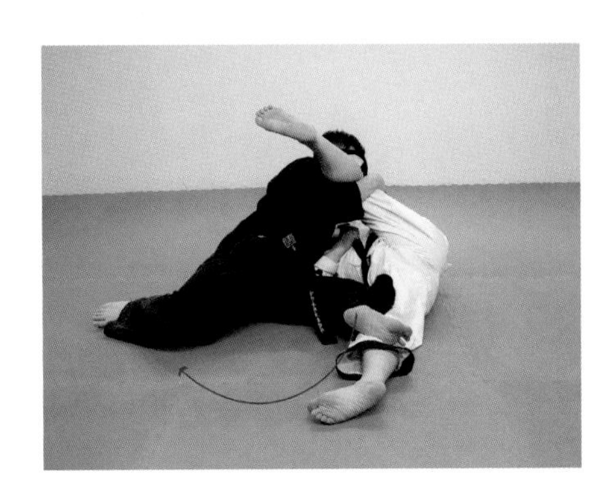

5_ 오른다리를 원을 그리며 왼발 뒤로 이동시키는데 이때 왼발은 계속해서 상대의 오른다리를 제압하고 있어야 한다.

6_ 왼발을 빼고 몸을 바로 하여 가로누르기로 전환한다.

팔꿈치 눌러 정면 위누르기

1_ 팔꿈치 누르기를 실시한다.

2_ 왼손은 고정시키고 오른손을 상대의 사타구니에 넣는다.

3_ 왼손으로 오른쪽 허벅지를 고정시키고 오른손으로 상대의 목 깊숙이 깃을 잡는다.

4_ 왼무릎으로 오른발을 고정시키고 이어서 오른손은 상대의 우측 몸통 깃을 잡는데 반드시 엄지손가락이 안으로 들어가고 네 손가락이 밖으로 나오도록 하며 될 수 있으면 목 뒤쪽까지 깊숙이 잡아야 한다.

5_ 몸을 앞으로 밀어붙이며 오른손 팔뚝으로 상대의 기도를 눌러 압박한다. 상대는 반항하지 못하는 상태가 된다.

6_ 고개를 들어 상대의 오른발이 머리 너머로 돌아가게 하면서 왼손으로 무릎을 잡아 손바닥으로 누른다.

7_ 몸을 앞으로 숙이며 체중을 얹는다. 이 때 상대의 무릎은 바닥에 밀착될 수 있도록 압박한다.

8_ 당신의 왼다리를 이동시켜 압박하고 있는 상대의 왼쪽 무릎 위로 건너 상대의 배 위쪽으로 올라탄다.

9_ 두 다리를 안정적으로 고정시키고 정면 위누르기로 마무리한다.

02_ 몸 당겨 나오기

그림A_ 앉아서 하는 그림

그림B_ 서서 하는 그림

띠 잡아 올려 조르기

1_ 두 손으로 앞쪽 허리띠를 잡는다.

2_ 팔은 밀고 몸을 뒤로 당기며 몸 당겨 나오기를 실시한다.

3_ 두 손으로 상대의 가랑이 밑으로 넣어 허리띠를 잡는다.

4_ 몸을 일으켜 세우며 배의 힘과 손의 힘을 이용하여 순간적으로 들어올린다.

5_ 이어서 왼손으로 상대의 몸통 좌측 깃을 잡는다. 반드시 엄지손가락이 안으로 들어가고 네 손가락이 밖으로 나오게 깊숙이 잡는다.

6_ 고개를 좌측으로 빠지게 한 후 체중을 앞으로 하면서 오른손으로 계속해서 위로 들어올리면 상대는 기도가 눌리며 조르기가 성립된다.

발 당겨 눌러 가로누르기

1_ 발 당겨 나오기를 실시한다.

2_ 엉덩이를 뒤로 빠지게 하며 오른손으로 상대의 오른쪽 오금의 바지 깃을 잡는다.

3_ 몸을 뒤로 하며 왼손으로 왼쪽 오금 바지 깃을 잡는다. 이렇게 하면 두 손은 크로스한 상태가 된다. 계속해서 얼굴을 허벅지에 묻고 엉덩이를 뒤로 빼면서 힘차게 눌러 상대의 다리가 완전히 쭉 펴지게 만든다.

4_ 상대는 방어하기 위해서 몸을 상체로 세우게 되는데 당신은 몸을 좌우로 회전하여 누르기를 할 수 있다. 우선 당신의 다리가 먼저 이동하게 하는 것이 순서이다.

5_ 다리가 완전히 상대의 옆으로 이동하게 되면 왼손을 풀어서 상대의 등쪽 옷자락을 잡는다.

6_ 체중으로 누르며 오른손을 풀고 가로누르기를 실시한다.

돌아 곁누르기

1_ 몸 당겨 나오기를 실시한다.

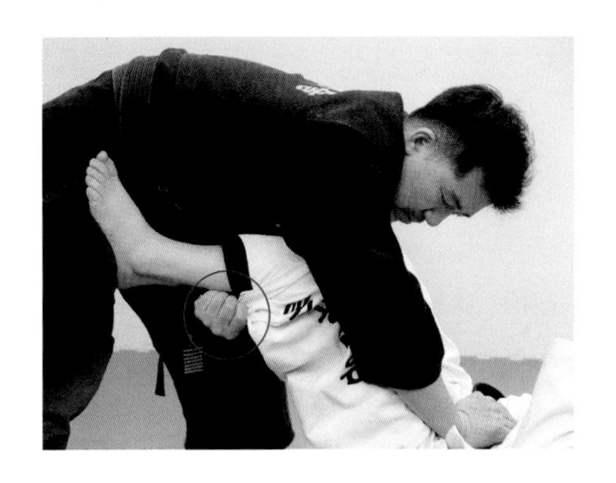

2_ 두 손으로 두 무릎의 옷자락을 잡고 몸을 뒤로 빼며 자리에서 일어난다.

3_ 왼손으로 상대의 바지 끝자락을 잡아 당긴다. 이때 오른발을 우측으로 약간 이동시키도록 한다.

4_ 왼손을 풀며 오른무릎을 꿇어앉는다. 이때 오른손은 단단히 잡고 있어야 한다.

5_ 몸을 회전시키며 당신의 등이 상대의 배에 밀착되도록 하며 굴린다.

6_ 몸을 완전히 회전시켜서 상대의 몸을 잡기 전에는 오른손을 풀어서는 안 된다.

7_ 자리를 잡게 되면 오른손을 풀어서 곁누르기 자세를 만들어 제압한다.

소매 잡아 돌려 무릎누르기

1_ 일어서며 몸 당겨 나오기를 실시한다.

2_ 상대가 방어하기 위하여 두 손으로 당신의 소매 깃을 잡을 것이다. 이때 오른손을 순간적으로 낚아채서 손을 뺀다.

3_ 몸을 뒤로 하고 상대의 다리를 컨트롤하며 오른손으로 상대의 바지깃을 잡는다. 이때 왼손으로는 오히려 상대의 오른쪽 소매 깃을 잡아야 한다.

4_ 몸을 옆으로 하며 왼손은 당기고 오른손은 옆으로 역으로 이동시키며 상대의 몸을 회전시킨다.

5_ 상대의 옆으로 붙게 되면 오른무릎으로 누르기를 실시한다.

6_ 때에 따라서 오른손으로는 상대의 허리띠나 발오금을 잡아 제압한다.

03_ 발목 조이기

발목을 꺾는 대표적인 기술이다.

상대의 아킬레스건과 발목을 동시에 제압하는 기술로 가랑이 자세에서 자주 사용된다. 당신의 팔뚝이 상대의 아킬레스 쪽에 정확히 들어가야 기술이 성립된다.

일반적으로 초보자가 이 기술을 어려워하는 이유는 팔뚝의 위치가 장딴지 쪽으로 너무 올라간다든지 아니면 발목 쪽으로 너무 내려온다든지 해서 정확한 포인트의 밀착 지점과 각도의 이해부족으로 생겨난다.

허리의 힘으로 그리고 다리의 지렛대 원리로 꺾기가 성립된다.

1_ 몸 당겨 나오기를 실시한 후 오른손으로 상대의 종아리 부분에서부터 발목 사이를 감아 잡는다.

2_ 몸을 앞으로 하며 다리를 들어올리고 상대의 다리가 구부러지도록 유지하며 당신의 오른쪽 겨드랑이에 상대의 발목이 완전히 끼이도록 조인다.

3_ 이때 당신의 오른무릎은 상대의 가랑이 사이에 들어가 밀착되어야 한다.

4_ 상대의 발을 잡고 뒤로 눕는데 왼발의 발등이 상대의 엉덩이 위쪽 골반에 밀착하여 지렛대를 형성한다.

5_ 몸을 옆으로 비틀며 오른발을 상대의 하복부에 올려놓아 몸을 뒤로 젖히며 발목을 꺾는다. 왼손으로 상대의 오금을 잡아 당겨 무릎이 구부러지면 옆으로 눕혀지도록 유도한다.

※ **포인트**

상대의 발목관절을 뒤로 젖혀서 꺾는 기술이다. 뿐만 아니라 당신의 손목의 압박으로 상대의 아킬레스건을 끊을 수도 있다. 엄청난 통증으로 상대는 항복하고 만다.

04_ 발목 비틀기

1_ 상대의 오른발목을 겨드랑이에 밀착시켜서 감싸 잡는다.

2_ 몸을 뒤로 넘어짐과 동시에 왼발로는 상대의 무릎관절을 밀어서 상대가 다리를 오므리지 못하게 하며 좌우로 도는 것을 사전에 예방한다. 이때 왼발의 역할이 중요하다.

3_ 다리를 당신의 오금 사이에 끼워서 완전히 자물쇠를 채운다.
또한 몸의 위치는 상대의 몸쪽으로 붙어서 상대의 무릎이 많은 각도로 구부러지게 만드는 것이다.

4_ 당신의 팔꿈치관절 사이에 상대의 뒤꿈치를 끼운다. 이때 당신의 팔꿈치가 들려서는 안 된다. 몸을 밀착시키고 팔과 몸을 동시에 사용하여 발목 비틀기를 한다.

주의

매우 위험한 기술이므로 각별한 주의를 요한다. 힘 조절을 잘못한다면 상대의 발목은 돌아가 부서지게 된다. 뿐만 아니라 무릎관절의 파괴까지 올 수 있다. 일단 발목이 돌아가면 수술을 해야 하며 그 후유증은 오랜 시간이 되어도 회복되지 않는다. 이러한 이유 때문에 각종 경기에서 이 기술을 금지하는 곳이 많이 생긴다. 이러한 기술은 와술을 전문으로 하는 전문 선수들도 신중하게 연습하는 기술이다.

05_ 발 얽어 비틀기

1_ 발목 조이기가 불안정하게 들어간다면 기술은 걸리지 않는다.

2_ 왼손을 이용하여 상대의 오금을 잡고 힘껏 잡아당긴다. 이때 재빨리 오른손으로 상대의 발목 전체를 감싸 잡는다.

3_ 오른손과 왼손을 이용하여 더욱 회전시키면 상대는 옆으로 비켜나게 되고 다리가 많은 각도로 구부러지게 된다. 이때 오른손은 상대의 발목을 잡는다.

4_ 왼손을 오금 사이에 넣어서 당신의 오른쪽 손목을 잡는다.

5_ 손을 역으로 비틀어 상대의 발목을 꺾어 제압한다.

당신의 위치는 상대와 마주보는 자세가 되어 있다. 그러므로 상대의 무릎이 많은 각도로 구부러져야 기술이 효과적으로 통한다. 만약 상대의 다리가 쭉 펴진 상태가 된다면 기술은 걸리지 않는다. 왼손으로 상대의 오금을 잡아당기고 재빨리 오른손으로 상대의 발목 전체를 감싸잡는 테크닉의 숙련이 필요하다고 할 수 있다.

강준의 무술이야기

읽거나 말거나!!(7)

〈겨루기의 조건〉

여자가 아름다워지고 싶은 욕망이 있다면 남자는 강해지고 싶은 욕구가 있다. 당신이 남자이고 더군다나 무술을 익히고 있는 사람이라면 두말할 것도 없이 후자에 해당된다.

도장에 입문하여 무술을 하게 된 동기를 물어보면 몸이 허약해서, 건강 삼아 한다는 사람, 취미 삼아 또는 호신술 차원에서 아니면 무료한 시간을 달래기 위해서 등 각종의 답이 나온다. 하지만 말이다……. 역시 그들의 마음 한 구석에는 '강해지고 싶다.' 는 욕구가 지배적인 것이 사실 아닐까?

건강을 원하면 아침에 일어나서 조깅을 한다거나 아니면 새벽 공기를 마시며 가까운 동네의 약수터에서 체조를 한다든지 하다못해 줄넘기를 하는 편이 무술을 익히는 것보다 훨씬 부상의 위험을 줄일 뿐 아니라 건강에도 좋을 듯 싶다.

어떤 이는 무술의 도(道)에 심취하기 위해서 수련한다는 이가 있다는데 가만 생각해보면 깊은 산속에서 참선을 하거나 경치 좋은 암자에서 심신(心身)을 갈고 닦는 도(道)가 더욱 효과적인 것이 아닌가 생각되기도 하고 말이다.

무술하면서 건강하고 도(道)도 닦고 다 좋은데 허구한 날 얻어맞으면 그것 또한 곤란한 것이 사실이다. 그 유명한 공자나 맹자 또는 부처님이나 그밖에 성인들도 길거리

에서 불량배에게 한두 번쯤 봉변을 안 당했을라고? --;;
어찌 되었건 오늘은 여러분과 함께 좀 더 강해지기 위한 기본적인 테크닉과 그 수련할 때의 유의점을 알아보고자 한다.
공권유술도관에서는 일주일 3회 이상 대련을 실시한다. 학생, 일반인 할 것 없이 모두들 대련하는 시간을 즐거워한다. 공권유술의 대련은 여러분이 생각하는 것과 같이 과격하거나 위험하지 않다. 이것은 성인들의 프로그램으로 짜여져 있으며 그 방법이 매우 안전한 수련으로 이루어져 있다. 만약 대련 도중 다치거나 심한 통증을 유발한다면 아마도 공권유술을 수련하는 사람은 그다지 많지 않을 것이다.
'실력을 급상승시키고 안전성이 높은 대련방법이야말로 현대무술이 지향해 나가야 하는 방법이 아닌가?' 하고 예전부터 생각해 왔다. 공권유술의 대련은 로테이션 대련을 원칙으로 하고 있으며(로테이션 대련이란 하급자에서부터 대련을 시작하여 상급자로 이어지며 계속해서 돌아가며 실시하는 대련) 그 수련방법은 매우 다양하다.
대련 도중 초보자와 겨루기를 할 때가 많이 있다. 초보자는 상급자의 대련과는 달리 똑같은 폼이라도 매우 엉성한 자세와 뭔가 모르게 허술해 보인다. 하수는 고수를 쉽게 타격하지 못한다. 똑같은 거리에서 공방을 실시해도 어찌된 모양인지 하수는 고수의 몸에 손끝하나 대기도 힘들다. 그들은 경험적으로 상대를 가격하는 기본적 방법을 몸으로 터득하지 못했다. 그들이 어렸을 때 태권도를 배우고 기본적인 발차기를 잘하고 그밖에 무술서적을 통해서 상식을 키웠다고 하더라도 대련의 경험이 적기 때문에 어떻게 하면 상대를 가격할 수 있는가를 심각하게 생각하지 못한다.
여러분이 아무리 발차기를 잘 하고 샌드백을 잘 두드리며 미트를 잘 찬다고 하더라도 막상 대련을 해 보면 상대가 쉽게 맞아 주지 않는다는 경험을 한 적이 있을 것이다. 발차기를 잘 한다고 상대를 쉽게 가격할 수 있는 것이 아니고 주먹이 세다고 상대를 가격하기 쉬운 것이 아니다. 길거리의 파이터가 권투를 배우지 않았어도 싸움만 하면 마치 장구를 두드리듯 상대의 안면에 속사포 같은 펀치를 날릴 수 있다. 그들이 체중을 싣는 법이나 멋진 자세를 잡는 법, 방어와 공격을 이론적으로 배우진 않았어도 상대를 가격하는 데 있어서 그다지 어려움이 없어 보인다.

얼마 전 도장에서 로테이션대련을 수련하며 있었던 일화를 잠깐 들어보자!
열댓 명이 모여서 대련이 시작되었다. 나의 첫번째 상대는 허 사범이었으며 두번째 상대는 최 사범이었고 이렇게 대련은 순환하며 돌아가고 있었다. 이윽고 5번째 상대가 결정되었는데 그는 학창시절 아마추어 권투를 한 직장인이었다. 서로 인사가 끝나고 대련이 시작되었다. 그의 펀치는 나의 몸통에서 번번이 빗나갔고 나의 앞차기와 뒤차기는 그의 옆구리나 명치에 정확히 명중되었으며 가끔 무릎 차기와 정권 지르기 또는 정권 돌려치기와 같은 연속 콤비네이션에 그는 적잖이 당황해 했다. 그의 주먹과 발차기는 나의 사정거리 10cm 차이로 못 미치고 있었다.
그가 고개를 갸우뚱했다. 그와의 대련이 끝나고 다음 상대는 현재 태권도3단이며 고등학교에 재학 중인 김군이었다. 김군의 발차기는 매우 빨랐다. 허나 그의 발차기도 접근전에는 힘을 발휘하지 못하고 하단차기나 정권 올려치기와 같은 콤비네이션 기법에 많은 펀치를 허용하고 말았다.
대련이 끝나고 물을 한 잔 마시려는데 김군이 다가와 자신의 대련기법에 어떠한 문제점이 있는지 조언을 요구했다. 나는 그들의 대련방법이 그다지 나쁘지 않다고 말했다. 나는 나와 함께 대련한 직장인을 옆에 두고 겨루기 실력을 높일 수 있는 몇 가지 방법을 조언해 주었다.

① 자신의 특기가 무엇이고 이러한 기법을 어느 상황에서 어떻게 사용하는지 심각하게 고려해 봐야 한다.
당신이 만약 뒤차기를 특기로 가지고 있다면 그래서 그것을 평소의 연습에 절반이상 할애한다면 당신은 뒤차기를 실전대련에 사용할 것이다. 그러나 뒤차기의 습성이나 대련의 원리를 깨닫지 못한다면 당신은 당신의 특기로 상대의 복부나 안면에 적중시킬 수 없을 것이다. 예를 들면 상대가 옆으로 이동하는 순간이나 뒤로 물러나는 순간에 당신이 뒤차기로 상대를 가격하려 든다면 실패할 확률이 높으며 오히려 공격자가 위험에 빠지게 될 수 있다. 그럼에도 불구하고 많은 초보 무술가는 이러한 실수를 계속해서 되풀이하게 된다. 당신은 당신의 뒤차기를 어느 타이밍에 사용할

것인가?를 정확히 알아야 하며 그것을 실전대련에서 어느 순간에 사용할 것인가를 판단하여 기술을 발휘해야 한다.

② 적절한 콤비네이션을 구사하라!

사람들이 생각하는 콤비네이션 기준을 알아보면 단순히 여러 형태의 기술을 엮어놓은 테크닉이라고 생각하는 데 문제점이 있다. 생각해 보자. 당신이 상대의 복부에 정권 두 번 지르기를 실시하고 중단 앞차기와 그와 연계되는 중단 뒤차기를 연습하여 콤비네이션을 숙련한다면 이것은 매우 나쁜 기술로, 실패작이 된다. 이것은 정권 지르기나 중단 앞차기 그리고 뒤차기의 기술이 나빠서 실패작이 되었다는 말이 아니다. 콤비네이션이 원리를 이해하지 못한 결과에서 나오는 실패이다.

주먹으로 배를 가격하고 무릎으로 배를 가격하고 발로 배를 걷어차는 기법은 상대의 반격을 가중시킨다. 3번의 공격이 전부 복부 쪽에 집중되어 있어서 상대는 방어를 쉽게 할 수 있을 뿐만 아니라 그의 공격패턴도 쉽게 알아차릴 수가 있는 것이다.

좋은 콤비네이션은 기술의 적절한 조화뿐 아니라 공격의 다양성, 높은 분포이다. 예를 들면 원투 중단 정권 지르기를 하고 하단 발차기를 한 후에 이에 연계되는 상단공격이 그것이다. 수비자는 이러한 중단, 하단, 상단으로 이어지는 공격을 연속적으로 방어하기는 매우 어렵게 된다. 또한 상단, 하단, 중단으로 계속해서 바뀌어 가는 연속공격 콤비네이션을 사용한다면 당신의 대련은 갑작스런 실력상승으로 이어질 것이다.

똑같은 공격의 연속공격을 같은 부위 같은 기술로 2번 이상 하지 마라! 계속해서 새로운 콤비네이션을 창조하는 것이야말로 실력상승으로 이어진다.

③ 맞는 대련에 포인트를 두어라!

하수의 대련형태는 맞지 않으려는 기법에 포인트를 둔다. 이렇게 함으로써 상대의 공격에 무서워하며 엉덩이는 뒤로 빠져 있고 언제든지 뒤로 도망갈 자세를 유지하며 그의 발차기는 허리 이상으로 올라가지 않아 항상 상대의 낭심에 걸려서 대련의 패턴이 깨지게 된다. 상급자가 가장 두려워하는 존재는 도장에 바로 입문한 완전한 초급자이다. 초급자는 배우려고 하는 자세가 되어 있지 않고 단순히 맞지 않으려는 생각만이 가득하여 상급자로 하여금 좋은 기술을 지도하려는 의지를 포기하게 만든다. 당신이 좀 더 실력이 급상승하여 멋진 기술을 자신의 것으로 만들고 싶다면 맞는 것을 즐겨야 한다. 만약 당신이 중급자의 실력을 가지고 있고 고급자로 넘어가고 싶은 생각이 있다면 이렇게 해 보도록 하라!

–상대의 펀치나 발차기를 10대 맞는다면 당신의 공격으로 상대를 5대만 가격할 수 있도록 하라!

–상대의 공격을 피하는 것보다 막는 데 최선을 다해 본다.

–상수와 중수, 하수와의 대련을 돌아가면서 실시하여 다양한 기술을 접하도록 한다.

–공권유술의 대련이 즐겁고 재미있는 이유는 자신의 힘의 3분의 1로 가격한다는 점이다. 좋은 장비와 안전한 프로그램 그리고 자신의 테크닉을 전부 사용하여 즐길 수 있는 대련은 어떠한 스포츠나 오락보다 흥미롭고 짜릿하다. 또한 축구나 농구를 즐기는 것보다 부상의 위험이 훨씬 적다.

④ 나의 버릇이 무엇인지? 반드시 파악한다.

당신은 당신의 공격패턴이나 버릇이 무엇인지 아는가? 또한 이것을 상대가 파악하지 못한다고 생각하는가? 필자는 나와 대련을 한번이라도 한 상대에 대해서는 그들의 공격패턴이나 버릇을 파악할 수 있다. 모든 무술인은 자신만의 독특한 공격법과 방어법이 있으며 그러한 공격법이나 방어법이 일정한 패턴에서 이루어진다. 또한 상대가 초보자일수록 그의 자세나 버릇으로 인하여 공격을 사전에 미리 파악하게 된다. 그것이 고수와 하수의 차이점 중 하나이다. 여러 종류의 공격패턴을 만들어 놓아야 하며 나의 버릇이 무엇인지 사전에 파악하는 것이 중요하다.

⑤ 수련일지를 기록하라!

예전에 필자는 하루의 수련이 끝나면 수련일지를 기록했다. 이것은 무력을 쌓는데 엄청난 일익을 담당하며 기막힌 효과를 보았다. 오늘 어떠한 수련을 했는지 컨디션은 어떠했는지 그 기술수련에 어떤 효과를 보았는지 누구와 대련을 해서 어떤 결과를 가져왔는지를 자세히 기록해 나간다. 그것을 3개월이나 6개월 후에 본다면 매우 많은 도움을 줄 뿐만 아니라 자신의 나태함이나 잘못된 수련방법을 즉시 시정할 수 있다. 필자는 예전 수련자의 입장에 있을 때 도장에 나오는 수련생의 신상명세서를 작성했다. 그들의 특기는 무엇인지? 대련 때 어떤 버릇을 가지고 있는지? 또는 누구누구는 방족술을 잘하니까 어떻게 대처해야 될 것인지에 대해서 하나하나 기록해 나갔다.

예를 들면, 김OO은 오른발이 앞에 나오면 뛰어들어 내려찍기를 하는 패턴을 가지고 있으니 주의하라는 내용이나 박OO은 뒤차기를 하기 전에 코를 만지는 버릇을 가지고 있다거나 하는 것 등 그리고 그들의 특기나 수련방법을 자세히 수록하였으며 나름대로의 대처방안도 마련하는 수련법을 연습하였다. 이러한 데이터는 나중에 막강한 위력을 발휘하여 도장에서 대련이나 시합을 하게 되면 그들은 나의 적수가 되지 못했다.

이러한 데이터를 수집하는 과정에서 여러 가지를 깨닫게 되는데 그들의 기술을 직관적으로 바라보고 객관적으로 평가하는 자세가 자연스럽게 만들어져 가며 그들의 성격이나 신체조건에 따라 다양한 공격패턴과 기술들이 익혀진다는 것을 알 수 있게 된다. 뚱뚱한 사람들의 공통된 기술패턴이나 키가 큰 사람, 마른 사람, 키 작은 사람들의 기술들의 공통된 기술패턴들 말이다.

제10강

거북이 자세에서의 공방

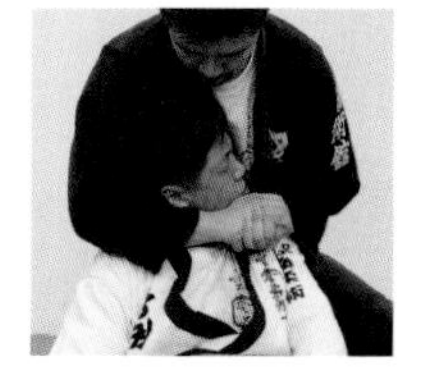

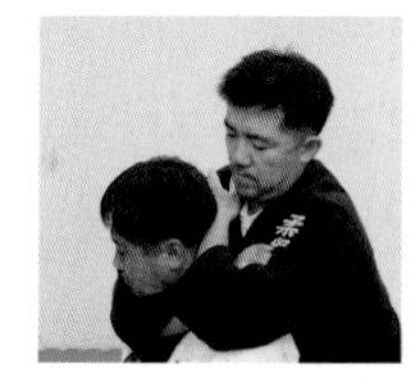

거북이 자세에서의 공방

와술을 하다보면 상대의 수비로 마치 거북이 모양을 하며 웅크리는 자세를 수없이 경험하게 된다.

수비수의 팔이 안으로 들어가 있으며 머리는 웅크려 마치 거북이가 머리를 거북등속으로 집어넣은 듯하다. 뿐만 아니라 두 다리는 오므려서 둥글게 말아 안으로 감아 넣는다.

이러한 방어는 상대의 팔 꺾기와 발 꺾기 그리고 조르기를 철저히 봉쇄할 수 있다. 다만 안면타격과 무릎타격이 허용된다면 많은 펀치를 허용할 수 있으나 어찌되었건 와술기로써의 방어는 최상의 방어라 아니할 수 없다.

이번 장은 철저한 상대의 방어를 역습하는 기법을 알아보고자 한다.

01_ 타격

무릎 차기

1_ 상대의 머리 쪽에 자리를 잡고 두 손으로 가슴을 안는다. 가슴으로 상대의 머리 쪽을 눌러 상대가 상체를 일으켜서 도망가지 못하도록 한다.

2_ 다리를 높이 들어올려 타격할 준비를 하며 왼발을 이용하여 중심을 잡는다.

3_ 체중을 실어서 무릎으로 정수리나 어깨 등을 공격한다.

팔꿈치 치기

1_ 왼손으로 상대의 겨드랑이에 손을 넣어서 상대방의 왼쪽 손목을 잡는다.

2_ 등에 올라타 두 발을 옆구리 안으로 끼워 넣는다.

3_ 팔을 잡아당기며 다리를 힘차게 뒤로 밀면 상대는 엎드리게 된다.

4_ 허리를 약간 세우고 팔꿈치로 힘차게 공격한다. 목표물은 척추뼈를 감싸고 있는 근육이나 목의 후두부 또는 경추를 공격한다.

02_ 풍차 조르기

필자의 특기 중 하나이다. 필자는 보통 업어치기 이후 일어나려는 상대에게 풍차 조르기를 시도한다. 넘어져 있는 상대는 일어나기 위해선 몸을 돌려 거북이 자세를 만들고 그 이후에 몸을 일으켜 세우는데 그 기회를 포착하여 신속하게 동작을 행한다.
워낙 강력한 조르기이므로 기술을 구사한 지 몇 초 지나지 않아서 상대는 바로 기절하고 만다. 그 후유증 또한 매우 심하다. 눈알의 모세혈관이 터져 버려 흰자위가 모두 빨간색으로 변하고 만다. 항복 선언을 늦게 하면 목에 이상을 초래할 수 있어 장기간 병원신세를 져야 한다. 온몸의 체중이 상대의 고개를 비틀어지게 하므로 경추뼈에 타격을 주기 때문이다.

1_ 오른손으로는 상대방의 목깃을 잡는다. 잡을 때 4개의 손가락이 안으로 들어가게 잡으며 왼손으로는 겨드랑이에 손을 넣어서 상대의 손목을 잡는다.

2_ 상체의 체중으로 상대가 쉽게 일어서지 못하도록 컨트롤하며 오른손은 상대의 왼쪽 몸통깃 깊숙이 넣어 왼쪽 경동맥에 오도록 만들고 왼손은 상대의 오른손을 봉쇄한다.

3_ 왼발을 일보 전진하며 체중을 실어 조르기를 실시한다.

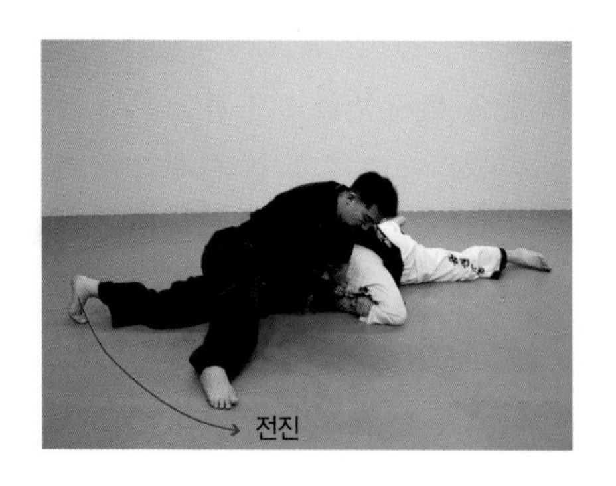

4_ 상대가 조르기를 방어하기 위하여 옆으로 돈다면 당신은 더욱 빠른 속도로 다리를 이동시키며 조르기를 구사한다.

5_ 한바퀴를 돌기 전에 상대는 웅크리고 있는 몸이 펴지며 늘어질 것이다. 이것으로 상대가 기절했다는 것을 알 수 있다.
풍차 조르기는 제자리에서 빙빙 돌며 조르기를 실시해서 생겨난 말이다.

독자여러분의 이해를 돕고자 좀 더 자세한 손의 동작을 설명하고자 한다. 웅크리고 있는 상대의 목 속으로 손을 넣어 조르기란 그리 만만치 않다. 뿐만 아니라 상대는 두 손을 이용하여 당신의 조르기를 방어하려 할 것이다. 어떻게 하면 좀 더 정확하고 쉽게 상대의 몸통 깃을 잡을 수 있는지 알아보고자 한다.

그림A

오른손으로 상대의 목 뒷깃을 잡는다. 이때 4개의 손가락이 안으로 들어가게 잡고 엄지손가락이 밖으로 나오게 한다.

그림B

손을 미끄러트리며 목깃을 타고 내려온다. 엄지손가락을 상대의 목옆에 지그시 누른다. 반드시 엄지손가락이 땅을 향해 있어야 한다.

그림C

계속해서 손을 미끄러트리면 손목의 날이 기도에 오게 된다. 이때까지는 잡고 있는 몸통 깃을 놓지 않는 것이 좋다.

그림D

엄지손가락을 살리고 계속해서 손을 미끄러트려 반대쪽 몸통 깃을 깊숙이 잡는다. 그리하면 엄지손가락이 안으로 들어가고 4개의 손가락이 밖으로 나온 상태가 된다.
그림A~D까지의 동작이 한 동작으로 되도록 많은 연습이 필요하다.

6_ 최종적인 마지막 자세의 모습이다.

03_ 목 눌러 꺾기

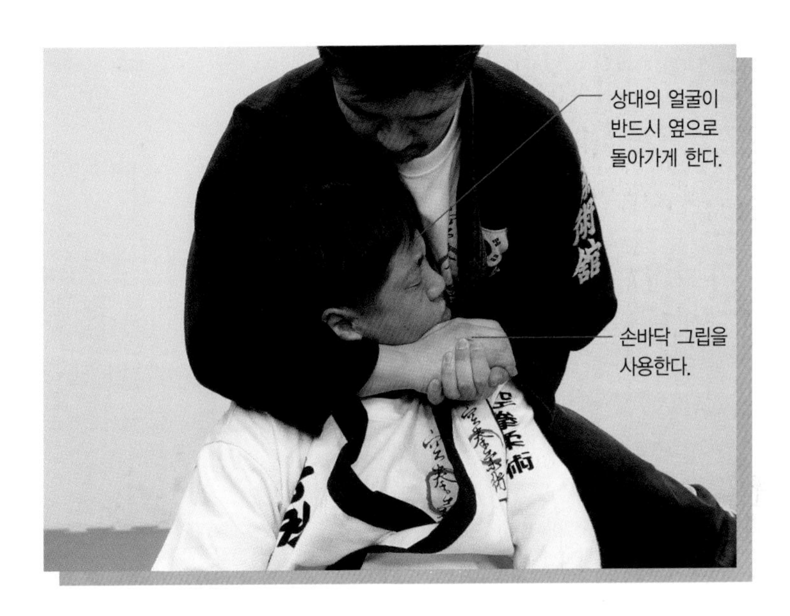

매우 위험한 기술이다. 필자의 도장에서는 목을 눌러 꺾거나 비트는 동작의 필살기는 매우 조심해서 지도하고 있다. 목은 신경이 매우 예민한 부분으로 사소한 실수로도 치명적인 부상으로 몰고 간다. 특히 초보자의 경우는 연습 도중 많은 안전사고를 초래한다. 연습은 상대를 배려하면서 실시하여야 한다. 자신의 기술이 남보다 조금 좋다고 함부로 기술을 구사한다면 반드시 불상사가 따른다. 고수가 될수록 상대에 대한 존경심과 활인의 정신을 갖는 이유도 이런 이유에서 일 것이다.

1_ 풍차 조르기나 거북이 뒤집기를 사용하려 할 때 상대는 이를 방어할 수 있다. 오른발을 세우고 왼손을 겨드랑이 사이에 껴 상대가 좌우로 빠져나가지 못하게 한다.

2_ 오른손의 역수도 부분 끝으로 상대의 턱에 댄다.

3_ 손을 밀어서 상대의 목이 옆으로 돌아가게 만든다. 고개가 심하게 돌아간 상대는 빠져나가기 위해서 일어나는 방법을 모색할 것이다.

4_ 왼손과 오른손은 빠지지 않도록 단단히 고정시킨다. 일어나는 힘을 이용하여 자신의 몸쪽으로 바짝 당겨 밀착시킨다.

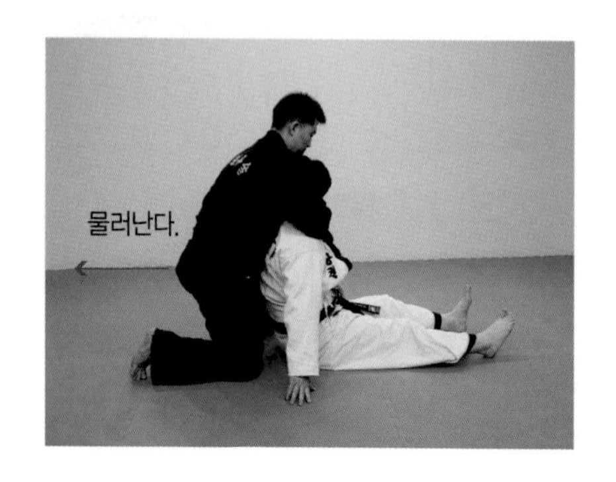

5_ 계속해서 몸을 당기며 고개를 회전시키며 넘기면 다음과 같이 된다. 상대가 엉덩방아를 찧게 되면서 제자리에 다리를 편 상태로 앉게 될 것이다. 이때도 상대의 얼굴은 당신의 좌측으로 돌아가 있을 것이며 얼굴 좌측은 당신의 가슴에 단단히 밀착된 상태가 된다.

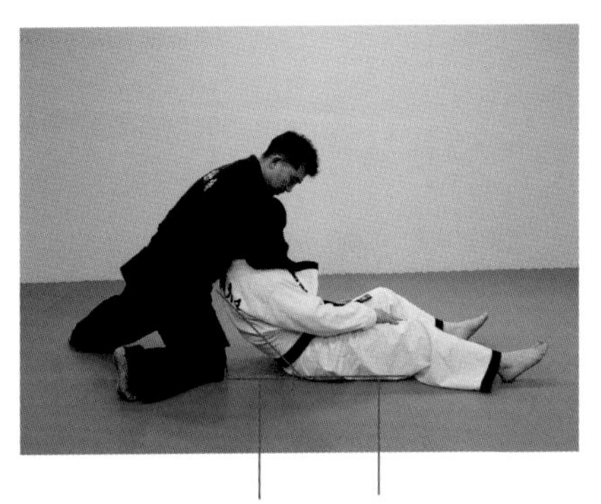

한 발을 뒤로 이동시키며 상대를 뒤로 넘기며 체중을 이용하여 꺾는다. 이 기술은 상대의 목을 옆으로 심하게 꺾는 기술이다.

독자여러분의 이해를 돕고자 좀 더 자세한 손의 동작을 그림으로 설명한다. 상대의 목을 돌리는 원리는 다음과 같다.

그림A

엄지손가락 부분을 상대의 턱에 단단히 밀착시킨다.

그림B

손바닥을 세워 수도(手刀)를 만든다. 엄지손가락의 윗부분으로 밀어붙이면 상대의 고개가 돌아가기 시작한다. 힘으로 고개를 제압한다.

그림C

상대의 고개가 완전히 돌아가 옆얼굴이 당신의 가슴에 밀착되도록 만든다. 이렇게 손목의 날을 타고 돌려지는 상대의 반대쪽 옆얼굴은 당신의 팔오금과 팔뚝에 옆얼굴이 제압당해 고개를 돌릴 수 없게 된다.

그림D

두 손으로 맞잡기를 실시하고 체중을 이용하여 앞으로 몸을 숙이며 상대의 머리가 앞으로 과도하게 구부러지게 만들어 목 눌러 꺾기가 성립되는 것이다.

주의

다시 한번 강조하지만 정말 살인적인 기술 중 하나이다. 매우 위험하여 자칫하다가는 대형사고를 유발할 수 있다. 정확한 기술과 엄격한 관리가 필요한 기술이며 기술을 구사할 때 매우 조심해서 할 필요가 있다. 모든 기술이 위험하지만 특히 상대의 목을 꺾는 기술들은 각별히 조심하기 바란다.

04_ 몸통깃 감아 조르기

거북이 자세의 상대를 한 바퀴 돌려 뒤집은 후 조르기를 실시한다.
왼손의 역할이 매우 중요하다. 상대의 겨드랑이를 통과하여 목의 지지대로 인하여 상대는 몸을 좌우로 또는 앞으로 일어날 수 없게 되며 완전히 덫에 걸려 조르기를 당하게 된다.

1_ 두 손을 상대의 겨드랑이에 넣어서 상체로 머리와 윗등을 눌러 일어나지 못하도록 제압한다.

2_ 상대의 움직임을 컨트롤하면서 오른손을 상대의 목뒷깃을 잡는다. 엄지손가락이 안으로 들어가게 잡아야 한다. 왼손은 계속해서 겨드랑이 사이에 넣은 상태로 상대가 상체를 세우지 못하게 한다.

3_ 옷깃을 잡고 훑어 내리면서 손을 뒤집어 엄지손가락이 밖으로 나오게 하고 네 손가락이 안으로 들어가게 한다. 될 수 있으면 상대의 오른쪽 목뒤까지 깊숙이 잡는 것이 유리하다.

4_ 위치를 약간 좌측으로 이동하며 상체로 상대를 누르며 왼손을 겨드랑이 사이로 통과하여 손등을 상대의 뒤통수에 놓이게 한다.

5_ 왼손을 밀고 오른손을 당기며 뒤집기를 실시하는데 될 수 있으면 상대의 허리 안쪽으로 파고 들어간다는 느낌으로 동작을 행한다.

6_ 상대가 목이 졸리기 시작하므로 상대가 반항할 수 없는 지경에 이르게 된다. 상대의 몸이 뒤집어지게 되는데 상대는 당신의 두 팔에 자물쇠 같이 걸려 빠져나갈 수 없는 상태가 된다. 회전하는 것을 멈추지 말아야 한다.

7_ 상대가 완전히 회전하여 반대쪽으로 떨어지면 오른손을 당기며 왼손을 밀어서 완전한 조르기가 성립된다.

독자여러분의 이해를 돕고자 손의 동작을 그림과 함께 설명한다.

엄지손가락이 안으로 들어가게 뒷목깃을 잡는다. 이 동작은 상대의 머리 앞에서 하는 것이 유리하다.

그림A

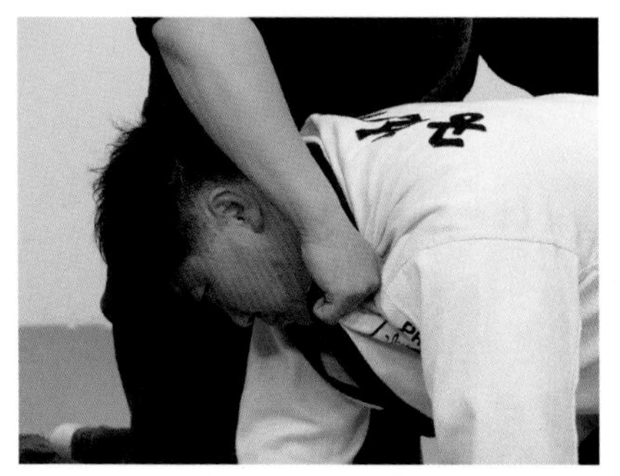

그림B

엄지손가락이 아래쪽으로 향하게 하며 목옆을 지그시 누르며 회전시킨다.

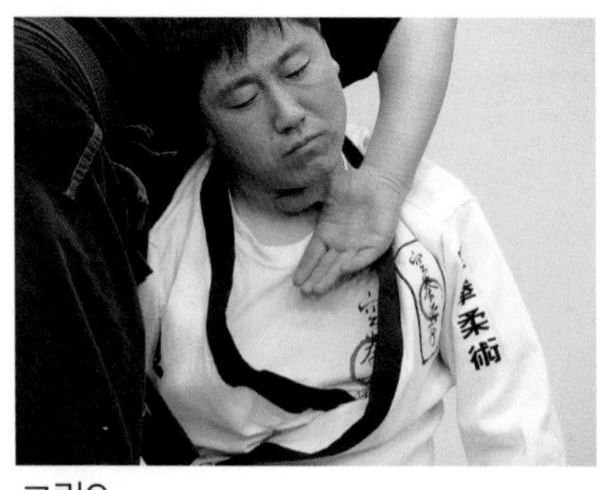

그림C

계속해서 회전시키면 엄지손가락의 윗부분이 상대의 기도 쪽으로 오게 된다. 손바닥은 앞쪽을 향하게 될 것이다.

그림D

목을 타고 내려가는 손은 이윽고 반대쪽 몸통 깃을 잡게 된다. 될 수 있으면 깊숙이 잡는 것이 조르기를 완벽하게 걸 수 있는 원동력이 된다.

05_ 팔꿈치 조이기

뒤에서 팔꿈치 조이기

절대로 빠져나올 수 없는 관절기로 유명하다.
상대의 배가 땅바닥에 엎어져 있고 이어서 상대의 팔을 제압하는 기법으로 공격자가 놓아주기 전에는 빠져 나올 수도 없고 공격자가 팔을 부러뜨리든 놓아주든 공격자의 마음이 된다. 온몸의 체중으로 오로지 한쪽 팔의 중관절을 탈골시키는 기법이다.

1_ 뒤에서 백포지션으로 자세를 잡고 제압한다.

2_ 상대가 빠져나가기 위해서 몸을 일으켜 세운다면,

3_ 몸을 좌측으로 이동해 재빨리 오른손으로 상체의 겨드랑이를 제압하며 왼손으론 상대의 왼쪽 손목을 잡아당긴다.

4_ 이때 오른쪽 겨드랑이에 상대의 중관절을 끼워 체중을 얹어 누른다. 상대는 중관절이 눌리며 바닥에 엎드리게 된다.

5_ 일단 당신의 팔꿈치가 지면에 먼저 닿게 한 후에 몸을 낮춘다. 이것으로 상대는 바닥에 엎드리게 된다.

6_ 곁누르기 자세를 만들고 겨드랑이를 지지대로 삼아 중관절을 제압한다.

앞에서 팔꿈치 조이기

1_ 상대의 겨드랑이에 손을 넣어 수비한다.

2_ 상대가 일어서며 반항한다면 왼손으로 상대의 오른손목을 잡는다. 왼손은 상대의 겨드랑이 밑을 잡아 돌아서 빠져나가는 것을 미연에 방지한다.

3_ 상대의 팔을 잡아당긴다.

4_ 오른팔의 겨드랑이에 상대의 팔을 끼워 넣는다. 체중을 실어서 눌러 앉는 자세를 만들면 상대는 한쪽 팔이 제압당하면서 엎드리게 된다.

5_ 곁누르기 자세를 만들며 겨드랑이를 지지대로 삼아 지렛대의 원리로 관절기를 실시한다.

06_ 역십자 굳히기

1_ 거북이 자세의 옆에서 상대를 공격한다.

2_ 오른손으로 뒷덜미를 당겨 올리며 공간을 확보하여 오른발을 상대의 팔 앞에 놓이게 한다. 왼손으로 상대의 왼쪽 겨드랑이 사이에 깊숙이 손을 넣어 잡는다.

3_ 오른발로 상대의 오른손을 단단히 감고 앞으로 회전하기 시작한다. 요령은 당신의 발에 감겨진 상대의 팔을 하늘로 차올리듯 구르기를 실시하는 것이다.

4_ 회전이 좀 더 수월하게 하기 위해선 구르기를 하는 도중 왼발로 보조하여 상대의 오른팔을 휘어 감으며 회전의 속도를 높인다.

5_ 완전히 회전이 이루어지면 상대의 두 손은 당신의 손과 발로 인해 꼼짝할 수 없는 상태가 될 것이다.

6_ 자세를 바로 하고 정확한 역십자 굳히기를 실시하여 움직이지 못하도록 한다.

그림A

만약 상대가 회전하는 것을 방어한다면 오른발을 지지대로 삼아 왼손과 오른손을 사용하여 잡아당기며 뒤로 눕기 시작한다.

그림B

체중을 이용해야 기술이 성립된다. 힘으로 하는 것이 아니다.

그림C

완전히 뒤로 눕게 되면 역십자 굳히기가 성립되어 움직일 수 없게 된다.

역십자 굳히기만으로는 상대에게 데미지를 줄 수 없기에 이에 따른 계속된 후속공격이 필요하다.

타격

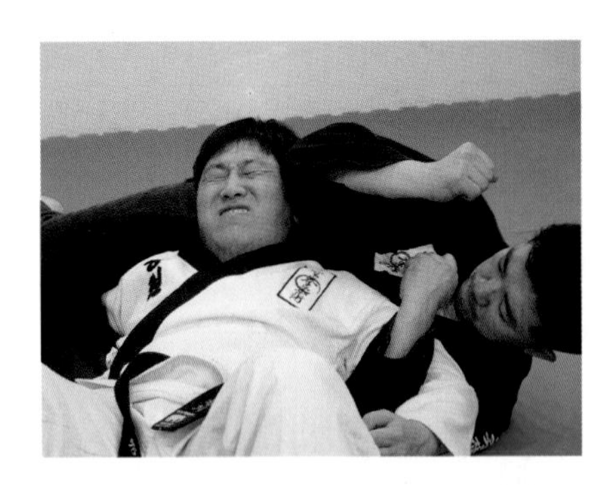

1_ 팔꿈치로 상대의 관자놀이나 턱뼈 또는 안면을 공격할 수 있다.

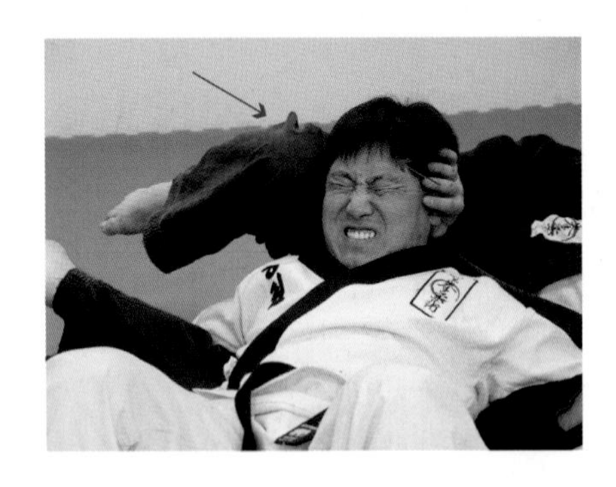

2_ 무릎으로 관자놀이 턱뼈 그리고 안면을 공격할 수 있다. 가격하는 도중 상대의 머리가 뒤로 물러나면 타격의 힘이 떨어질 수 있으므로 오른손을 머리가 밀려나지 않도록 보조하며 타격한다. 훨씬 많은 데미지를 줄 수 있다.

3_ 팔꿈치와 무릎을 사용하여 동시에 가격할 수 있다.

상대는 속수무책으로 공격을 허용할 수 있다. 이미 두 손이 고립되어 방어할 수 없게 되었고 발차기 또한 할 수 없다. 공격을 당하는 자는 당신이 타격하는 것을 멈출 때까지 기다릴 수밖에 없는 상황까지 몰고 갈 수 있다.

죽지 걸어 조르기

1_ 오른손을 사용하여 상대방의 턱밑으로 손을 넣어 오른쪽 목깃 깊숙이 넣는다. 이때 왼손으로 상대의 팔을 꽉! 껴안아 움직이는 것을 저지한다. 요령은 자신의 오른쪽 몸통 깃을 잡는 것이다.

2_ 일단 상대의 목깃을 잡으면 기술이 90%는 성공한 것이라고 보면 된다. 몸을 우측으로 약간 빼며 왼손을 풀어 상대의 뒤통수에 대 왼손은 밀고 오른손은 당기며 조르기를 실시한다.

발 걸어 조르기

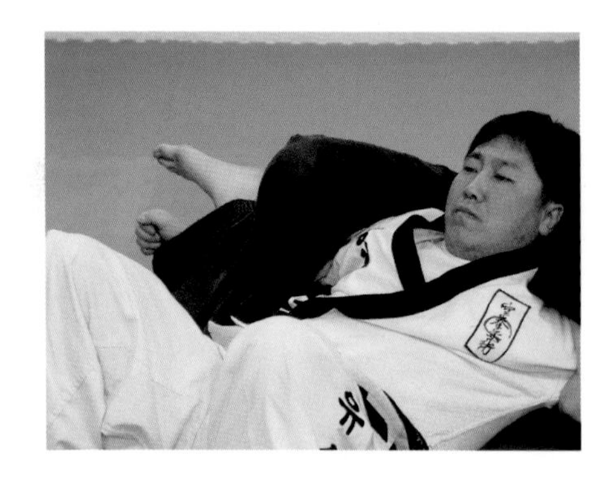

1_ 왼발을 상대의 오른팔 위에 올려놓는다.

2_ 오른발로 감고 있는 것을 왼발로 컨트롤하며 옮겨 감고 오른발을 빼어낸다.

3_ 오른발을 왼발에 완전히 감아 상대의 팔이 빠지지 않도록 한다.

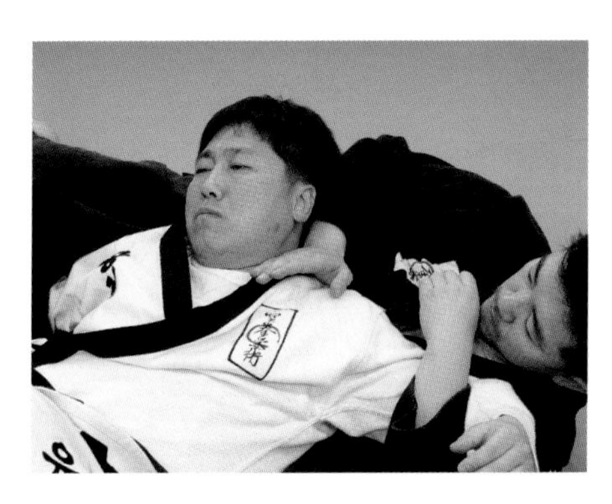

4_ 오른수도날을 세워 상대의 좌측 목옆에 댄다.

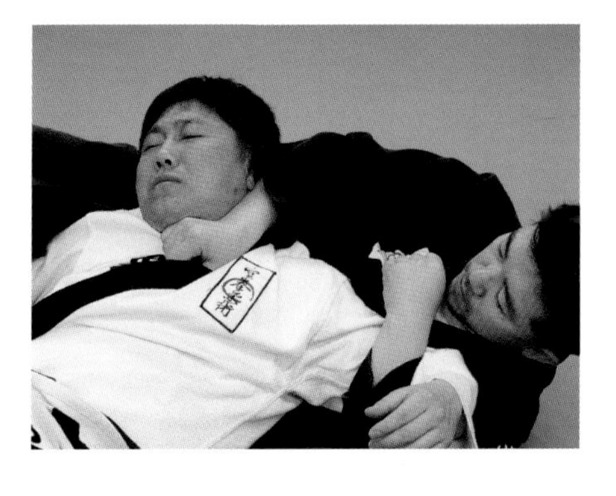

5_ 상대가 조르기를 방어하려고 고개를 숙여 턱을 가슴과 밀착시키더라도 개의치 말고 손날을 이용하여 목 밑으로 파고들게 하며 우측 목깃을 잡는다.

6_ 몸은 기술을 구하기 좋도록 자세를 이동하고 편안한 자세를 만들면 오른다리를 들어 상대의 목에 걸어 지렛대를 만들 준비를 한다. 이렇게 하기 위하여 왼발과 오른발을 서로 교대하여 상대의 팔을 제압한 것이다.

7_ 오른발은 밑으로 힘차게 내리고 오른손을 당겨 역으로 조르기를 실시한다.

07_ 발목 비틀기

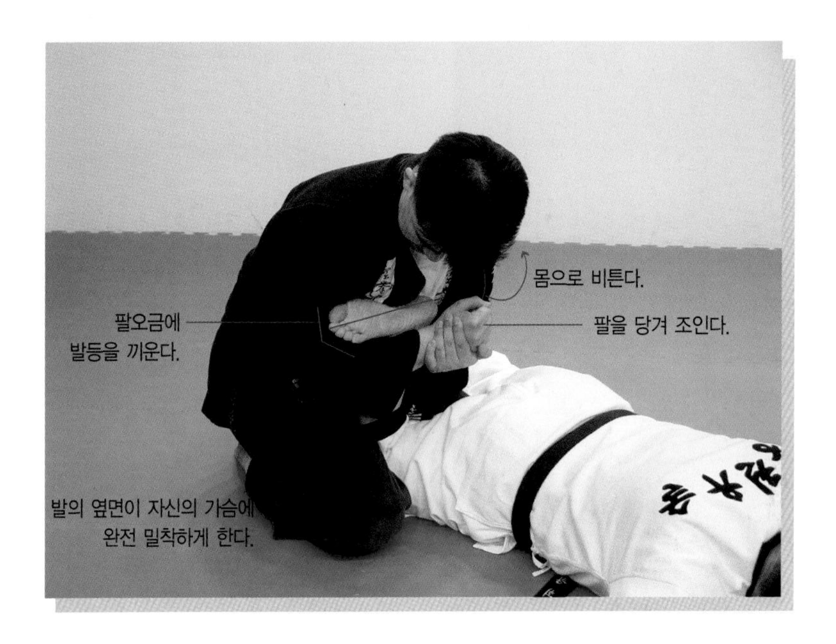

정확히 걸리기만 하면 적은 힘으로 최대의 효과를 볼 수 있는 발목 관절기로서 앉아서 하는 발목 비틀기와 누워서 하는 발목 비틀기는 많은 차이점이 있다. 이것은 상대의 뒤에서 발목을 비틀기 때문에 약간의 비틀림에 발목과 무릎관절이 쉽게 파괴되고 만다.

1_ 거북이 자세의 상대를 뒤에서 붙어 제압하고 있다.

2_ 이 기술은 상대를 바닥에 엎드리게 한 후 기술을 구사해야 한다. 그러므로 바닥에 엎드리게 하는 것이 중요하다. 왼손으로는 상대의 하복부를 감싸 잡고 체중을 싣는다. 오른손으로 상대의 발목에 손을 넣어 감아 올린다.

3_ 왼손으로 상대의 오른쪽 왼쪽무릎을 손바닥 전체로 감싸 잡는다. 반드시 순서대로 해야 한다. 만약 순서대로 동작을 행하지 않는다면 상대는 앞으로 기어서 탈출할 수도 있다.

4_ 왼손을 당기고 오른손을 위로 올리며 당신의 왼쪽 어깨 그리고 왼쪽 안면을 밀착하여 상대의 엉덩이를 밀어 붙인다. 상대가 앞으로 가지 못하는 이유는 당신의 왼손으로 인해서 저지당했기 때문이다. 왼손을 잡아당기면 더욱 효과적이다.

5_ 계속해서 체중을 이용해 밀어붙이면 상대는 바닥에 엎드리게 된다.

6_ 빠른 기회포착으로 왼쪽 무릎이 상대의 가랑이 사이 깊숙이 들어갈 수 있도록 동작을 행한다.

7_ 오른쪽 안쪽 대퇴와 왼쪽 안쪽 대퇴를 사용하여 조이면서 상대의 다리가 움직이지 못하도록 한다. 상대의 발목을 팔꿈치 중관절 사이에 끼우고 당신의 배에 단단히 밀착시키며 발목 비틀기를 실시하는데 발목뿐 아니라 무릎에 대한 통증도 대단하다. 팔로만 기술을 구사하지 말고 몸 전체를 이용하여 비틀기를 실시한다.

08_ 맨손 조르기

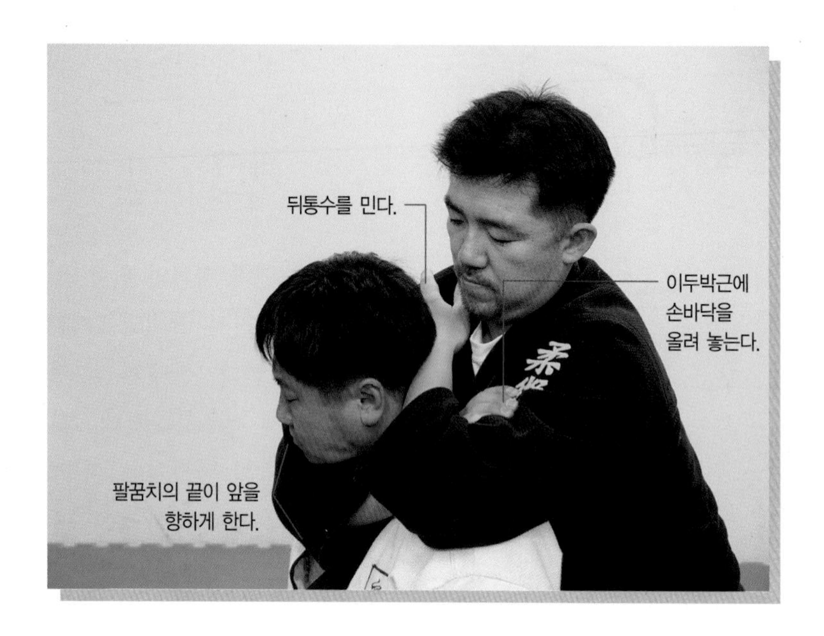

상대의 뒤에서 실시하는 맨손 조르기이다. 도복을 입지 않은 상태에서 오로지 맨손으로 상대의 목 전체를 압박하여 기절시킨다. 여기서 주의할 점은 손목의 날이 아니라 이두근과 전완근의 부분이 상대의 목 양쪽에 자리 잡고 있는 경동맥을 압박하여 기술을 구사하는 것이다. 상대는 전혀 통증을 일으키지 않고 단 몇 초 사이에 기절해 버린다. 조르기 중에서 가장 많이 사용된다.

1_ 오른손을 상대의 겨드랑이에 넣어서 상대의 팔목을 잡는다.

2_ 왼손을 상대의 겨드랑이에 손을 넣어서 상대의 팔목을 잡는다. 그러므로 상대의 양손은 당신의 두 손에 의해서 봉쇄되고 말았다. 재빨리 거북이 등타기를 실시한다. 두 발의 위치는 상대의 무릎과 팔꿈치 사이에 놓이게 한다.

3_ 양발을 상대의 무릎과 팔꿈치 사이로 파고들게 하며 상대의 가랑이 사이까지 도달하게 한다. 이때 상대의 팔목을 잡고 있는 두 손을 잡아당기며 상대는 앞으로 넘어지게 되며 엎드린 자세가 된다.

4_ 두 손을 빼고 허리를 뒤로 젖히며 상대는 제압되어 움직이지 못하는 자세가 된다. 좋은 자세는 밑에 있는 상대의 두 발이 공중에 떠 있는 자세가 되는 것이다. 이것은 당신의 두 발이 상대의 가랑이 사이에 안전하게 들어가 안정된 자세를 갖추었다는 것을 의미한다.

5_ 왼손으로 상대의 이마를 잡고 오른손이 목밑으로 들어갈 공간을 확보한다.

6_ 손의 날을 세워 상대의 목을 칼로 베듯이 스치고 지나가며 팔감기를 시도한다. 팔이 완전히 감기게 되면 당신의 팔꿈치의 집약적이 부분이 상대의 눈과 눈 사이를 통과하여 앞으로 향하게 만들어야 한다. 왼손 이두박근 위에 오른손바닥을 놓이게 하고 손등이나 손바닥을 상대의 뒤통수에 갖다댄다.

7_ 왼손은 밀고 오른손은 아령을 들 때처럼 오므려야 한다. 상대가 숨을 쉬지 못하도록 기도를 누르는 것이 아니라 목옆에 자리 잡고 있는 경동맥을 압박하는 것이 포인트이다. 만약 힘이 달린다면 당신의 얼굴을 보조하여 상대의 뒤통수를 같이 밀어붙인다. 상대는 결국 기절하고 말 것이다.

09_ 거북이 뒤집기

앞으로 뒤집기

1_ 상대방의 뒤에 붙어서 두 손을 겨드랑이 밑으로 넣어 손목그립이나 팔뚝그립으로 단단히 잡는다. 여기서 포인트는 상대의 상체 위쪽으로 단단히 올려 잡아야 한다는 것이다.

2_ 무게중심을 앞으로 하며 당신의 머리를 상대방의 머리옆으로 밀착시킨다.

3_ 머리를 숙이고 엉덩이를 들며 회전할 준비를 한다. 계속해서 두 손을 꽉 잡으며 상대의 등을 당신의 가슴 쪽으로 밀착시킨다.

4_ 발로 땅을 박차고 다리를 머리 위로 넘긴다.

5_ 몸을 굴리려고 생각지 말고 다리를 넘겨 브릿지를 만들 생각을 해야 한다.

6_ 당신의 다리가 지면에 닿게 되고 브릿지가 성립되면 상대는 앞으로 회전하는 힘에 의해서 어쩔 수 없이 같이 회전하게 된다.

7_ 상대가 따라 돈다면 상대의 다리가 당신의 가랑이 사이에 들어올 수 있도록 유도한다. 두 손은 놓아주어서는 안 된다.

8_ 완전히 회전된다면 상대는 거북이 자세에서 뒤집어져서 당신의 배 위에 놓인 상태가 될 것이다. 이후에 맨손 조르기, 안아 조르기, 오르기 등을 실시하여 상대를 제압한다.

굴려 뒤집기

1_ 왼손을 상대의 겨드랑이 사이를 통과시켜 왼손목을 잡아 제압하고 오른손으로 상대의 겨드랑이에 손을 넣는다.

2_ 빠른 동작으로 상대의 거북이 등에 올라탄다.

3_ 왼발을 상대의 옆구리 사이에 대고 오른발을 상대의 옆구리 안으로 파고들게 만들어 회전하기 시작한다.

4_ 회전할 때는 잡고 있는 팔을 이용하여 몸에 체중을 얹어서 굴리기를 실시한다. 180도 이상을 굴리게 되면 상대의 위치가 당신의 왼쪽 편의 배 위에 놓여 있는 상태가 될 것이다.

5_ 재빨리 오른손을 상대의 목 뒷덜미에 밀착시킨다. 이때 반드시 상대의 오른쪽 겨드랑이 밑을 통과시켜야 한다. 그래야만 지지대가 형성되어 상대가 움직이지 못하게 만들 뿐만 아니라 쉽게 오르기를 할 수 있다.

6_ 오른손을 밀면서 왼발을 빠르게 빼어낸다.

7_ 균형을 잡으며 상대의 배 위로 올라탄다.

8_ 정면 위누르기가 완성된다.

들어올려 뒤집기

1_ 오른손을 상대의 오른쪽 겨드랑이에 넣어서 뒷목을 감싸 잡는다. 이렇게 하면 상대는 상체를 세우지 못하게 된다.

2_ 기회를 엿보며 재빠른 속도로 왼손을 빼어내어 상대의 왼쪽 무릎 도복자락을 잡는다.

3_ 순간적으로 몸을 일으키는데 배를 앞으로 내밀며 힘을 증폭시킨다. 상대는 몸을 돌릴 수가 없게 되면서 몸이 기울어지게 된다.

4_ 몸을 앞으로 밀며 상대의 등이 완전히 지면에 닿게 만들며 가로누르기를 실시한다.

옆돌려 뒤집기

1_ 거북이 자세를 하고 있는 상대의 머리 쪽으로 몸을 이동시킨다. 왼손으로는 상대의 허리띠를 잡는다.

2_ 오른손을 상대의 겨드랑이에 넣어서 허리띠를 잡고 있는 자신의 왼쪽 손목을 잡아 얽는다. 자신의 왼팔은 상대의 등 중앙 그러니까 척추뼈의 위치에 일직선상으로 놓이게 만든다.

3_ 하늘방향으로 힘차게 당긴다. 상대는 몸이 뒤집어지는 것을 예방하는 차원에서 완강히 저항할 것이다.

4_ 양손을 고정시키고 머리를 상대의 왼쪽 옆구리 쪽으로 이동시키는데 머리가 최대한 옆구리 안으로 파고든다는 느낌으로 동작을 실시하라!

5_ 양손을 당기는 힘, 체중을 이동시키는 힘 그리고 머리가 상대의 옆구리로 파고들어가는 힘에 의해서 상대의 몸은 기울어지기 시작한다.

6_ 계속된 동작으로 상대의 몸은 뒤집어진다. 상대가 반항하지 못하는 이유는 왼손이 당신의 오른손에 의해서 완전히 잠겨있게 되어 움직이지 못함에 있다.

7_ 이윽고 상대의 등이 지면에 닿는다면 몸을 움직여 이동시킬 준비를 해야 한다. 일단 이 자세가 되어도 상대는 쉽게 빠져나올 수 없다.

8_ 몸을 일으켜 세우는데 아직까지 두 손은 그대로이다.

9_ 빠른 동작으로 몸을 반대로 이동시킨다.

10_ 가로누르기를 실시하여 완전히 제압한다.

뒤집어 십자꺾기

1_ 거북이 등에 올라탄다. 오른손은 상대의 겨드랑이에 넣어서 제압한다.

2_ 왼손으로 상대의 목을 제압하며 오른팔을 들어올린다.

3_ 왼발을 원으로 그리듯이 상대의 머리 너머로 이동시킨다. 완전히 몸이 이동되기 전까지 상대의 목을 눌러 제압하고 있는 오른손을 떼어서는 안 된다.

4_ 오른손으로 잡고 있던 상대의 오른팔을 왼손으로 옮겨 잡고 자신의 오른팔은 뒤쪽 허리띠를 잡는다.

5_ 제자리에 앉으면서 두 다리를 편안하게 하며 오른발을 상대의 가랑이에 넣어서 오른쪽 오금에 자신의 발등을 건다.

6_ 오른손을 당기는 힘과 뒤로 누우며 체중을 싣는 힘 그리고 오른발을 이용하여 상대의 오금을 위로 올려 들어올리는 힘을 이용하여 뒤집기를 시작한다.

7_ 계속해서 힘을 지속시켜 상대가 앞으로 굴러 떨어질 수 있도록 신경 쓴다. 상대의 왼손을 온몸으로 감싸 잡아야 한다.

8_ 반대로 떨어지면 상대의 등은 지면에 닿게 된다.

9_ 왼발로 상대의 목에 걸어 십자꺾기를 실시한다.

10_ 좌식에서 거북등 타기

1_ 맞잡기를 실시한다.

2_ 왼무릎을 세우고 힘으로 상대를 밀어붙인다.

3_ 상대의 오른팔꿈치를 들어올린다.

4_ 자세를 낮추고 머리를 상대의 겨드랑이 안쪽으로 집어넣으며 몸을 밀착시킨다.

5_ 몸을 회전시키며 상대의 등 뒤로 붙는다.

6_ 등 뒤로 붙는 순간 손가락그립을 사용하여 단단히 쥐어 잡고 체중을 앞으로 하여 상대가 바닥에 엎드리게 만든다.

강준의 무술이야기

읽거나 말거나!!(8)

〈타격기와 유술기의 조화〉

당신이 만약 태권도나 킥복싱에 능통한 사람이라면 상대방과의 대련에서 분명 당신의 주특기인 뒤차기나 하단킥을 사용하여 상대를 타격할 것이다.
간혹, 스트레이트나 무릎 또는 정권 지르기를 사용할 수도 있다.
이는 당연하다. 마치 유도 선수가 시합을 할 때 업어치기나 허리 후리기 같은 기술로 상대를 눕혀서 굳히기로 들어가는 것처럼 말이다.
요즘에 와서야 TV매체나 인터넷매체를 통해서 이종격투기를 알게 되고 대부분 같은 패턴의 테크닉을 익혀서 같은 방식의 패턴으로 싸운다는 것을 알지만 불과 몇 년 전만해도 태권도 선수와 유도 선수의 대결은 언제나 누가 이길까라는 화젯거리가 된 것이 사실이다.
필자는 학창시절 유도 선수생활을 한 적이 있으며 그 이전과 이후에는 타격기 계통과 유술기 계통을 같이 수련해 왔었다.
학창시절 소소한 말다툼으로 인하여 싸움을 한두 번쯤 경험해 보지 않은 사람이 없을 것이다. 이러한 싸움을 가만히 관찰해 보면 당사자가 싸움의 귀신이든 완전히 눈감고 휘두르는 꿩 같은 행동을 하는 사람이든 일단 싸움이 시작되면 서서 시작해서 누워서 끝난다는 것을 볼 수 있다.
필자의 경험으로도 알 수 있는 것이 결국은 유도의 안다리 후리기로 상대를 넘어뜨려서 싸움을 끝내는 경우가 상당히 많았다.
수련시간에 앞차기와 돌려차기 옆차기 등 많은 발차기를 연습하고 수련했음에도 불구하고 결국은 그러한 기술을 한 번도 사용하지 못하고 엉켜서 끝내는 경험을 부지기수로 한 것이다.
독자 여러분도 가만히 생각해 보면 여러분이 배운 발차기 기법을 실전에 한 번도 사용하지 못한 적이 많을 것이라고 짐작이 되며 또는 사용하였다고 하더라도 상대에게 데미지를 주지 못하였을 뿐만 아니라 오히려 발차기를 시도하다 더 위험해진 경우도 허다할 것이라고 생각한다.
오늘은 타격기와 유술기가 어떻게 조화를 이루어 상대방과의 실전상황에서 유리한 고지를 점령할 수 있는지 이야기 해 보고자 한다.
필자는 고교시절부터 타격기와 유술기의 조화를 연구해 왔다.
그 당시에만 해도 타격기는 타격기, 유술기는 유술기로 완전히 분리되어 독립적으로 수련해 왔고 이것을 접목한다는 것은 사실상 시도하기가 어려운 것이 사실이었다. 예를 들면 당신이 태권도와 유도 이렇게 2가지의 무술을 다년간 연마하여 이 두 가지를 조합시키고자 한다고 했을 때 이것은 여간 어려운 것이 아니다.
왜냐하면 태권도의 타격기법은 오로지 상대를 타격으로만 공격과 수비를 하게끔 만들어져 있으며 개발되어왔고 수련법 또한 그렇게 이루어져 있다. 이것은 전혀 유술기로서의 연계성이 고려되어 있지 않은 것이고 이것은 지극히 당연한 결과이다. 그러므로 상대를 잡는 것 자체가 허용이 안 되고 옆차기나 돌려차기 같은 기법은 전혀 유도기법과는 연관이 될 수 없게 되어있는 것이다. 유도는 어떠한가? 현대 유도는 전혀 타격을 할 수 없으며 치명적인 기술은 봉인된 것이 상당히 많다.
훈련법 또한 타격과는 전혀 거리가 먼 것이 사실이다.
다시 한번 생각해 보면 당신이 태권도와 유도를 익혀서 이 두 가지 기술로 상대를 동시에 제압하기는 어렵다는 것이다. 가만 생각해 보라.
당신이 태권도나 가라데의 기술인 옆차기로 상대의 복부를 가격하고 상대를 업어칠 수 있나 하는 것이다. 또는 현란한 나래차기를 한 후에 빗당겨치기를 할 수 있다고 생각하는가?

그러니까 결국 실전에서는 어느 한쪽을 포기하게 되는데 두 가지 무술을 같이 수련했다면 타격기를 포기하게 된다.

이것은 타격기가 불리해서도 아니고 타격기 자체가 나빠서도 아니다.

타격기를 하던 도중 접근전이 시작되면 일단 발로 하는 타격기는 그 효력을 발휘하지 못한다는 데에 문제점이 있으며 주먹으로 가격하는 타격에 있어서 그 효율성이 상대에게 메치기를 당해서 바닥에 누워있을 때에는 용이하지 못하다는 데에서 비롯된다. 그러므로 타격기와 유술기 이 2가지의 기술을 가지고 있다고 하더라도 이것을 적절히 접목하지 못하면 기술자체가 따로따로 놀아서 연관성이 없어지게 된다. 만약 당신이 태권도와 유도기법을 이용하여 상대를 제압하고 싶다면 몇 가지 수정사항이 필요하다.

① 원투 스트레이트를 연마하라!

발차기는 주먹공격이 이루어져야 그 효과를 발휘할 수 있다.

발차기만을 위주로 상대를 제압한다는 것은 다분히 무리가 따르고 실전성이 결여되는 것이 사실이다. 발차기를 하게 되면 주먹으로 상대를 가격할 수 있는 찬스가 만들어지며 주먹을 잘 사용할 수 있다면 상대에게 접근할 수 있는 찬스가 생긴다. 그러므로 당신이 유술로 상대를 제압하고 싶다면 발차기와 주먹치기를 다분히 연습해야 한다.

② 타격기와 유술기를 따로따로 해석하지 말라!

당신이 옆차기와 나래차기가 특기이며 그것을 능수능란하게 사용한다고 해도 그 기술을 사용하는 것은 자제해야 한다.

그러한 발차기는 앞에서 말했듯이 타격으로 포인트를 얻는 발차기나 오로지 타격을 위한 발차기이며 룰에 의해서 만들어진 발차기이다. 그러므로 당신의 발차기를 유술기로 연계할 수 있는 기법으로 자세를 교정할 필요가 있다.

필자의 발차기는 남들이 볼 때 마치 개발(犬)같다고 한다. 그러나 필자가 처음부터 이러한 발차기를 소유한 것은 아니었다. 나 또한 우아한 옆차기를 실시했고 점프 뒤돌려 차기나 공중 이단 차기를 실시하여 보는 이로 하여금 "멋지다!"라는 말을 듣기도 했다.
필자는 나름대로의 철학으로 발차기를 하게 되었고 유술테크닉을 사용하기 적절한 발차기를 연구하게 되었다. 그것은 기존의 발차기를 그대로 사용한다면 타격계와 유술계는 물에 떠있는 기름과 같은 존재가 된다는 것을 깨달은 바 있기 때문이다.

③ 무릎치기와 어퍼컷을 연마한다.
무술을 익히는 사람들의 고정관념은 자신이 배운 대로 반드시 기술을 행해야 한다는 것이다.
태권도는 떨어져서 싸워야 하고 킥복싱은 넘어지면 일어나고 유술가는 무릎치기나 어퍼컷 사용에 둔하다. 이것은 당연한 현상임에는 틀림이 없다. 그 무술에 맞는 룰과 훈련법이 전혀 다르기 때문이다. 이것이 나쁘다 좋다라는 것은 아니며, 다만 당신이 유술과 타격을 조화롭게 연마하고 연습하여 무력을 향상시키고 싶다면 약간의 고정관념에서 탈피할 필요가 있다는 것을 말하고 싶은 것이다.
유술가에서의 가장 치명적 공격은 상대의 어퍼컷과 무릎차기 공격이다. 이것을 적절한 타이밍에 상대에게 공격한다면 상대는 유술을 행하기가 매우 곤란하게 된다. 유술이란 어떡해서든 접근전이 일어나야 되는 것이고 타격기에서의 접근전의 최고의 공격은 무릎공격이나 팔꿈치 또는 각도 좋은 어퍼컷이 그것이다.
당신이 태권도를 연마한다고 해서 어퍼컷이나 무릎차기를 소홀히 한다면 유술기를 적절히 이용하는 데에 있어서 많은 모자람이 생긴다. 무릎치기와 올려치기는 방어적 수단뿐만이 아니라 공격적 수단으로도 매우 훌륭한 기법이다. 이 기법 후 상대의 등쪽을 잡는 것이 용이하다. 상대의 등을 잡는다는 것은 허벅다리 후리기나 허리 후리기, 받다리 후리기와 같이 상대를 쉽게 메칠 수 있는 유리한 고지를 점령했다는 것을 의미한다.

④ 메치기를 소홀히 하지 마라!

유술과 유도의 차이점이 무언가? 라는 질문을 종종 받게 된다.

유술은 유도에서 파생된 것이며 비슷한 테크닉을 가지고 있다고 생각하는 이가 많을 것이다. 여러분들의 생각과 사실 크게 다를 게 없다. 다만 경기룰의 차이점이 지배적이다 라고 말하고 싶다.

유술은 누워서하는 와술기법이 지배적으로 많고 유도 테크닉은 넘겨서 메치는 던지기 기법이 상당부분 차지한다.

이러한 차이는 몇 가지로 나뉘는데 가장 큰 요인이 경기의 룰이다.

유술시합은 포인트제로 점수를 많이 내는 선수가 승리한다. 마치 레슬링의 포인트제와 비슷하다고 생각하면 될 것이다. 이러한 점수제는 레슬링과 같이 바닥에서 하는 기법으로 와술적 기법을 발달시킨다. 즉 입식에서 시작하는 경기보다 누워서 시합하는 경기가 훨씬 포인트를 따내기가 수월하기 때문이다.

그러나 유도는 어떠한가? 유도는 한판제로 승부한다. 또한 누워서 공격진행이 느리다고 판단되면 바로 '그쳐' 를 선언하고 다시 서서 시합을 하게 만든다. 이러한 룰로 인하여 유도 테크닉은 메치기를 위주로 발달되어 온 것이다.

여기서 중요한 것은 유도나 유술이나, 어찌되었건 상대를 바닥에 눕혀야 한다는 사실이다.

그러므로 메치기를 집중수련할 필요가 있다. 유술수련을 할 때 메치기와 와술기를 50대 50으로 연마하기를 권고한다. 메치기를 연마하면 좀 더 적극적인 공격자세가 만들어지며 균형 감각이 발달하여 상대의 메치기를 방어할 수 있는 기법도 얻을 수 있다.

⑤ 바닥에 누워 있는 상대를 어떻게 타격할 것인가를 심각히 고려해 보라!

입식 타격기와 와식 타격기는 많은 차이점이 있다. 또한 그 기법도 완전히 틀리다고 할 수 있다. 즉 당신이 권투 선수라면 아직까지 한번도 누워있는 상대에게 어퍼컷이나 스트레이트로 공격한 적이 없을 것이다. 또는 당신이 킥복싱 선수라고 했을 때 누워있는 상대의 옆구리에 무릎공격이나 안면에 정강이공격이 불가능하다는 것을 알 수 있다. 그러므로 유술적 타격을 익히기 위해선 메치기 후에 연계되는 콤비네이션 타격기법을 어떻게 적절히 사용할 것인가를 생각해 볼 필요가 있는 것이다.
이러한 기법 또한 단순히 태권도와 유도의 조합이나 킥복싱과 유술의 조합만으로 쉽게 만들어질 수 있는 것이 아니라는 것을 알 것이다.
대부분의 사람들은 누워있는 상대의 안면에 펀치를 가격하기 쉬울 것이다라고 생각할 수 있지만 사실 그렇지 않다. 분명 바닥이라는 공간적 제한이 있기 때문에 상대가 쉽게 도망가거나 위빙 또는 더킹 같은 방어적 수단이 적다고 할 수 있지만 누어서 발로 견제하는 상대의 안면에 펀치를 적중시키기란 여간 어려운 것이 아니다. 앞에서도 말했듯이 와술에서의 타격기법은 입식에서의 타격기법과는 전혀 다른 테크닉과 기술을 요하기 때문이다.
필자가 어떠한 기술로 타격기와 유술기의 콤비네이션을 사용하여야 하는지에 대해서는 논하지 않았다. 이것은 글쓰기가 귀찮아서도 아니고 시간이 없어서도 아니다.
기술적 테크닉을 설명하자면 많은 사진과 설명이 필요하다. 예를 들면 앞차기 후의 공격 후 원투 정권 지르기 그 이후의 메치기로 다리 잡아 넘기기를 한 후에 가로누르기를 하고 다음 팔 얽어 비틀기(일명 : 갈매기 꺾기)의 콤비네이션을 설명한다고 했을 때 단 한 세트의 기술로도 많은 지면을 할애할 수밖에 없다.
또한 초보자를 위해서 얼마나 자세한 설명이 깃들어져야 할 것인가?
현재 "공권유술 바이블"이라는 방대한 양의 교본을 집필 중이며 조만간에 출판될 예정이다. 매우 정교하고 자세한 내용의 교본으로 심혈을 기울여 제작 중이니 타격기와 유술기의 연관성에 대해서 관심이 있는 분은 관심을 부탁드린다.

제11강

좌식에서의 기습적 공격테크닉

좌식에서의 기습적 공격테크닉

좌식에서의 기습적 관절기는 흔히 "밑져야 본전이다!"라고 말하는 이가 많다. 이것은 기술이 실패하더라도 자신에게 불리하게 작용되는 것이 타 기술보다 훨씬 덜하기 때문이다. 기습적 관절기는 다음 공격의 수단이 될 뿐만이 아니라 잘만 사용된다면 0.1초 사이에 승부가 끝날 수도 있다.

좌식에서의 관절기가 와술에서의 주된 공격기법은 아니다. 그러나 이러한 기술이 모여서 와술을 이끌어나가는 양념과도 같은 역할을 하는 것은 분명하다. 뿐만 아니라 입식 관절기와도 많은 차이가 있는 것도 사실이다.

01_ 어깨 걸어 굳히기

1_ 상대가 당신의 목 뒷덜미 잡기를 시도한다고 하자. 그의 왼손 또한 당신의 왼쪽 중소매를 잡고 굳히기를 시도할 것이다.

2_ 상대가 당신의 오른쪽 중소매를 잡았다 하더라도 당신의 오른손을 움직이는 데 있어서 불편함이 없다. 이는 상대가 당신의 옷을 잡았기 때문이다. 맨살을 잡는 것과 의복을 잡는 것은 전혀 다른 양상을 띠고 있다. 왼손으로 상대의 오른쪽 중관절을 감싸 잡으며 위로 치켜 올린다는 느낌을 가지도록 한다.

3_ 왼손으로 오른손을 보조하며 감싸 잡고 손목을 회전시켜 상대의 팔꿈치가 하늘방향으로 향하게 만든다.

4_ 상대의 팔을 잡아당기며 체중을 뒤로 한다. 이렇게 되면 상대는 같이 앞으로 넘어지게 되는데 상대가 앞으로 넘어지는 것을 왼발과 오른발을 이용하여 저지시킨다.

5_ 몸을 비틀어 안정된 자세를 잡고 관절을 눌러 심하게 펴지게 하여 꺾기를 실시한다.

02_ 팔 걸어 굳히기

1_ 맞잡기를 실시하여 공방을 시도한다. 당신의 두 다리는 상대의 하복부와 무릎에 밀착하여 앞으로 다가서지 못하도록 한다.

2_ 잡고 있는 왼손을 풀어 순간적으로 상대의 왼쪽 몸통 깃을 잡는다. 이렇게 하면 당신의 두 손은 상대의 한쪽 옷깃만을 잡고 있는 것이 될 것이다.

3_ 오른손을 풀어 팔을 잡아당기며 손을 밑으로 한다. 이때 상대가 앞으로 다가서지 못하도록 왼손으로 상대의 목을 밀며 실행한다.

4_ 팔을 감아 돌리며 상대의 중관절의 팔꿈치가 하늘방향을 가리키게 만든다.

5_ 몸을 옆으로 이동시키는데 이때 당신의 왼손이 주도적인 역할을 할 것이다. 오른손은 바짝 당겨 상대의 손목 이상이 당신의 이두박근 위쪽에 걸려서 지렛대를 만들 수 있도록 한다. 왼손을 보조하여 위에서 밑으로 눌러 꺾어 제압한다.

03_ 팔 당겨 십자 굳히기

좌식에서의 십자 굳히기는 일반 십자꺾기와는 차이점이 있다.
일단 기술을 넣는 속도가 비교가 되지 않을 정도로 번개에 가깝다.
단순히 뒤로 눕는 과정에서 정확히 기술이 들어가게 되는데 이러한 기습적 관절기에 상대는 영문도 모른 채 항복을 선언하고 만다. 비록 실패하더라도 당신이 스파링을 하는 데 있어서 약점이나 불리함이 없다. 오히려 수비를 하면서 더 좋은 찬스를 만들 수 있기 때문이다.

1_ 맞잡기 상태에서 오른발을 상대의 아랫배에 놓이게 하고 왼발을 오른발 무릎에 놓이게 하여 상대가 앞으로 오는 것을 방지한다.

2_ 상대의 오른손을 잡아당기며 뒤로 눕기 시작한다.

3_ 오른발을 고정하고 왼발을 들어 원을 그리며 몸을 옆으로 기울인다.

4_ 왼발을 상대의 목에 거는데 상대의 팔을 잡아당기고 아랫배를 지지하고 있는 오른발을 밀어서 상대의 팔이 펴지게 만든다.

5_ 기술이 걸리면 배를 들어서 상대의 팔이 과도하게 펴지게 하며 꺾기를 실시한다.

04_ 팔꿈치 조이기

1_ 무릎을 꿇고 앉은 자세에서 상대가 오른쪽 자세를 만들며 당신의 목 뒷덜미를 잡아 와술로 이어지게 하려고 하고 있다.

2_ 머리를 숙여 상대의 팔밑으로 고개를 넣는다.

3_ 고개가 완전히 빠지려는 순간 오른손을 보조하여 상대의 손등 전체를 감싸 잡는다.

4_ 고개를 오른쪽으로 밀어붙이며 상대의 팔꿈치 관절이 펴지게 만든다.

5_ 왼손을 보조하여 상대의 손목을 잡아 왼발을 상대의 왼쪽편으로 바짝 접근시킨다.

6_ 동작을 행하며 오른쪽 겨드랑이에 상대의 팔꿈치관절을 끼우고 힘차게 누른다.

7_ 안정된 자세에서 팔꿈치 조이기를 실시한다.

05_ 역조르기

1_ 상대가 맞잡기로 나올 때 당신의 오른손은 상대의 오른쪽 몸통 깃 깊숙이 잡는다. 이때 엄지손가락이 안으로 들어가게 잡고 나머지 네 손가락은 밖으로 나오게 잡아야 한다. 왼손으로는 중소매깃을 잡는다. 왼손과 오른손을 잡아당기며 접근전을 펼친다. 이때 당신의 오른쪽 팔꿈치는 아래로 향하게 만들고 당신의 머리 또한 상대의 옆머리 쪽에 다가가서 힘겨루기 상태를 만들어야 한다. 이렇게 함으로써 상대는 당신이 메치기를 이용할 것이라는 추측을 하게 만든다.

2_ 오른손을 당기며 공간을 확보하고 왼손으로는 상대의 왼쪽 몸통 깃을 잡는데, 이번에 네 손가락이 안으로 들어가게 하고 엄지손가락이 밖으로 나오게 만든다. 깊숙이 잡는 것이 포인트이다.

3_ 몸의 중심을 왼쪽으로 기울이며 당신의 왼발을 상대와 당신의 앞쪽 공간으로 이동시킨다. 일단 왼발을 이동시키며 자리에 눕는다면 기술은 90% 성공한 것이다. 분명히 말하지만 상대를 옆으로 이동시키는 것이 아니고 상대는 가만히 제자리에 있는 것이고 당신 스스로 몸을 움직이는 것을 명심하라!

4_ 가장 중요한 포인트는 조르기를 실시할 때 당신의 팔꿈치의 위치이다. 만약 당신의 팔꿈치가 벌어져 있다면 상대는 몸을 돌려 머리를 빼어낼 수 있는 공간을 확보하게 된다. 그러므로 당신은 두 팔꿈치를 서로 오므려 이를 미연에 방지할 뿐만 아니라 지렛대의 원리로서 좀 더 강력한 조르기를 구사할 수 있는 것이다.

06_ 좌식에서의 기습적 십자꺾기

1_ 윗기술로써의 맞잡기를 실시하고 있다.

2_ 왼쪽 무릎을 세워서 몸을 재빨리 일어나게 할 수 있도록 만든다.

3_ 몸을 일으켜 세우며 오른발을 빼서 상대의 겨드랑이 밑에 오게 하는데 이와 동시에 자신의 몸 또한 상대의 왼쪽 편으로 돌기 시작한다.

4_ 등이 지면에 닿는 순간 다리는 원을 그리며 오른손으로는 상대의 목을 밀어 공간을 확보한다.

5_ 왼발을 상대의 목에 걸며 양팔로 꽉 껴안은 팔을 당기고 다리를 내린다.

6_ 상대가 균형감각을 잃고 옆으로 넘어지게 된다면 당신 또한 물 흐르듯이 같이 상체를 일으키기 시작한다. 상대가 완전히 바닥에 눕혀져 있을 때는 당신은 앉아있는 상태가 될 것이다. 일어나는 순간 될 수 있으면 상대의 어깨 밑까지 자신의 가랑이 깊숙이 접근시켜야 한다.

7_ 그 후 다시 뒤로 누어 십자꺾기를 구사한다.

07_ 뒤집어 오르기

1_ 맞잡기에서 서로 공방을 하고 있다.

2_ 상대에게 바짝 접근하여 오른쪽 발목이 상대의 왼쪽 오금에 걸리도록 만든다. 이때 자신의 왼발은 상대의 오른발 밖으로 빠져나와있는 상태가 된다.

3_ 왼손은 잡아당기고 오른손은 위로 밀면서 뒤로 눕기 시작한다.

4_ 완전히 눕기 전 당신은 손과 발을 이용하여 상대를 뒤집어야 한다. 이것은 상대의 오른손을 당신의 왼손으로 무력화시키고 몸통 깃을 잡고 있는 자신의 오른손을 이용하여 상대가 상체를 너무 많이 세우지 못하게 만든다. 뿐만 아니라 오른손을 이용하여 상대의 중심을 무너뜨려야 한다. 초기 단계에서는 자신의 오른발을 힘차게 위로 들어올린다. 그리하면 상대의 다리가 공중에 떠있는 상태가 될 것이다.

5_ 몸을 옆으로 돌리며 손을 당기고 다리를 들어올리는 힘에 의하여 상대는 몸이 뒤집어져 등이 지면에 닿게 된다.

6_ 상대가 일어서지 못하도록 완벽한 정면 위누르기를 실시한다.

08_ 역뒤집어 오르기

1_ 두 발로 상대를 컨트롤하며 접근전을 실시한다.

2_ 오른손으로 상대의 허리띠를 잡는다. 이때 당신의 오른발은 상대의 가랑이 사이로 들어가 있어야 하며 왼발은 밖으로 빠져나와 있어야 한다. 오른쪽 발목을 상대의 왼쪽 오금에 걸고 오른팔을 당기며 뒤로 눕기 시작한다.

3_ 왼손을 우측으로 넘기고 오른손은 당겨라!

4_ 오른발을 치켜들면 상대의 다리는 원심력에 의해서 하늘로 올라간다. 힘을 쓸 수 없는 상태가 되는 것이다.

5_ 상대의 몸이 뒤집어져 매트에 닿는 순간 상체를 일으켜 세운다.

6_ 재빨리 가로누르기를 실시한다.

강준의 무술이야기

읽거나 말거나!!(9)

〈입산수도(入山修道)〉

실전무술에 대명사.
그 이름도 유명한 극진가라데의 최영의 선생.
황소를 맨손으로 때려잡았다는 분. 그것도 54마리나 말이다.
그것을 돈으로 치면 한 마리에 400만 원씩을 계산하더라도 54곱하기 400이니까, 설라무네…….?? --;;
좌우당간 돈이 꽤 들어갔을 거라는 짐작이 간다. *^^*
이야기 방향이 엉뚱하게 흘러간다. --^
무술인하면 대부분 입산수도(入山修道)를 생각한다.
최영의 선생도 이것을 했다고 하고 무술실력에 지대한 영향을 끼쳤다고 한다.
당신은 일본의 유명한 검객 중 미야모토 무사시를 아는가? 만화책에 자주 등장하고 검도 3개월만 하면 미야모토 무사시라는 소설을 저절로 읽게 만드는 무인(武人). 그 이름도 유명한 미야모토 무사시!! 이 양반도 입산수도 출신이라고 하는데…….
어찌되었건 산으로 올라가서 무술을 한다는 생각을 하면 정말 폼 나지 않은가?
물론 폼 잡는데 도사가 다된 필자도 이 놈의 입산수도를 결행한 적이 있었다.
당시 내 나이 28살! 정말 돌멩이도 먹으면 소화시킬 나이… 지나가는 여인의 화장품 냄새만 맞아도 거시기할 나이. 히히. 뿐만 아니라 무술이 무엇인가? 라는 것에 대해서 어렴풋이 '알똥말똥' 한 나이가 되었고 어느덧 무력이 14년 정도가 흘렀었을 때였으므로 새로운 도전을 하고 싶은 시기였던 것은 분명하다. 하지만 안타깝게도 당시의 필자는 수련에 진척이 없었다. 말하자면 슬럼프에 빠졌던 것이다. 그것도 아주 지독한 슬럼프에…….

그때의 나는 정말 강해지고 싶은 생각이 굴뚝 같았다.

정말 초강력 울트라 고수가 되고 싶었으며 무술이란 무엇인가에 대해서 몸소 깨달음을 얻고 싶다는 욕구가 하늘을 찌르고 구덩이를 파는 듯한 건방짐이 한쪽 마음구석에 자리 잡고 있었던 것 또한 사실이었다. 더군다나 가소롭게도 난 세상의 모든 무술을 섭렵하고자 했으며 어떠한 무술이든 수용하기 위해서 노력했다.

태권도, 합기도, 유도, 킥복싱, 검도 등등. 그 무술에 대해서 연구하고 수련하였다. 허나 가슴을 짓눌러오는 갑갑함과 자기만족감이라고는 눈곱만큼도 없는 자신의 무술실력에 절망하며 세월을 보내던 차에 필자의 형님이 산(山)으로 올라갔다는 한 통의 서신을 접하게 되었다. 필자의 형님은 도(道)에 대해서 심취하고 있었는데 명상이나 참선으로 형님은 형님 나름대로의 도(道)를 구축해 나갔다. 그때 형님은 서울 도봉산의 O선사에서 수행을 하고 있었으나 좀 더 많은 도(道)라는 것을 얻고 싶었는지 좀 더 깊은 강원도의 동쪽의 산으로 들어갔다.

이에 충격을 받은 필자는 남쪽으로 향했다.

충청남도 연기군에 자리 잡고 있는 O운사라는 암자로 울창한 산 속에 위치하고 있었다. 1년 수련을 목표로 했으며 폼도 멋지게 목검도 하나 어깨에 둘러메고 입산을 했던 것이다. 버스가 꾸불꾸불한 길을 타고 올라갔다.

스님 한 분이 방을 안내해 주어 짐을 풀었다.

그 날부터 나의 산 속 생활은 시작되었는데 이때부터 고생문이 훤하다는 것을 꿈에도 생각하지 못했다.

아침 3시 30분이면 일어나서 108배를 해야 했다.

난 불교신자가 아니다. 그러나 그것을 했다. 얼마나 억울한 일인가?

사람은 환경에 적응하며 산다는 말을 실로 통감하기도 했다.

한 30일 정도 하니까 자면서도 절하는 것이 가능해졌다.--;

첫날부터 목검을 휘둘러 댔다.

죄 없는 소나무 가지만 작살을 내고 절간에서 농사짓는 상추밭만 아작을 내놓았다.

물론 스님에게 꾸지람을 들은 것은 당연지사(當然之事) 아닌가? ^^
한번은 산중(山中) 수련 도중 목검을 휘두르다 꿩을 발견했는데(분명 까투리가 틀림없어 보였다), 소나무 밑에서 먹이를 찾고 있는 놈(년인가?)에게 목검을 상단세로 높이 치켜들고 '으아아악~~~' 고래고래 소리를 지르며 돌격했다. 그냥 장난삼아 해본 건데……. 희한하게도 이 놈의 까투리가 놀랬는지 날아가지 못하고 뜀박질을 하기 시작했다.
'후다다닥' 좌충우돌(左衝右突) 천방지축(天方地軸) 카투리가 사방팔방(四方八方)으로 뛰어다녔고 필자 또한 그놈을 잡기 위해서 뛰어 다녔다.
숨이 가슴까지 차올라 왔지만 '킬킬킬' 거리는 웃음소리는 멈추질 않았다.
"헤헤, 이 놈을 단칼에 일도양단(一刀兩斷)하리라. 네 이놈!"
카투리도 지쳤고 나도 지쳤다. 그러나 감히 미야모토 무사시도 시도하지 못했으며 최영의 선생도 생각하지 못했던 목검으로 새잡기는 실패로 돌아갔고 카투리는 비행에 성공했다. (분명 카투리는 좌우로 비틀거리며 하늘을 날았다. --;;)
"음. 내가 새에게 지다니……."
작년 겨울 시골에 갔을 때 메주콩에다가 기릿날로 작은 구멍을 뚫어서 그 곳에다가 싸이나(일명 : 청산가리)를 넣어서 꿩을 잡았던 일이 생각났다.
새가 날아가는 폼이 싸이나 넣은 콩을 먹은 모양 비쩍거려서이다.
그 놈을 잘게 다져서 만두 속을 만들어 먹으면 참 맛있는데……. 쩝.

〈입산수도 시 나의 무술수련도구는 참으로 다양했다〉

① 유도에서 당기기를 할 때 사용하는 연습용 고무줄.
② 무술용품사에서 물에 가라 앉는 나무라고 구라를 치던 흑단으로 만든 목검.
③ 발차기를 무겁게 하기 위해서 청계천에서 구입한 구두코에 쇠가 들어가 있는 무자게 무거운 안전구두(공장에서 인부들이 작업하다가 무거운 물체가 발등에 떨어져도 다치지 않는다. 그야말로 구두쇠. 아니 쇠구두이다.)
④ 나뭇잎을 넣어서 만든 샌드백(처음엔 흙을 퍼 다가 넣었는데 며칠 발로 차니까 완

전히 돌덩이가 되어서 발등과 정강이가 짜개지듯이 아팠다)

⑤ 백장갑(샌드백을 두드릴 때 사용하는 것으로 당시 3쌍을 가지고 갔는데 무쟈게 연습해서 아주 걸레가 되었다. 나중에는 걸레가 된 3쌍의 장갑을 실로 꿰매고 꿰매서 새로운 한 켤레를 만드는 기염을 토하기도 했다)

⑥ 쵸코파이(모두 3박스를 사 가지고 입산(入山)했다. 한 박스는 주지스님에게 빼앗기고 2박스로 왔다리 갔다리 하는 스님과 나누어 먹었다. 물론 몇 개는 꼬불쳐서 가방 깊숙이 넣어 두었다. 하루에 한 개씩만 먹기로 한 맹세를 깨트리고 2개를 먹은 날은 차라리 죽고 싶을 정도로 나 자신이 원망스러웠다)

⑦ 벤데지용 붕대(펀치를 칠 때 손가락의 부상을 방지하고 안정감이 들도록 손가락과 손목을 감싸는 붕대. 그러나 그 후 붕대 전부가 부상용 붕대로 상처를 쩜매는 용으로 바뀌고 말았다) 이밖에도 죽도와 발목용 아대 몇 개를 가지고 갔다.

⑧ 죽도(竹刀)–죽도 이야기가 나왔으니 하는 말인데 죽도를 가지고 샌드백에다가 머리치기와 허리치기를 며칠 연습하니까 4쪽짜리 죽도 중 하나가 파손되었고 검끝의 끝덮이가 구멍이 나서 등줄이 느슨하게 되어 도저히 사용할 수가 없게 되었다. 끝덮이가 중결옆에 매달려 '대롱' 거렸고 자루가죽 또한 빠지기 직전이었다. 고동을 빼어내고 끝덮이에 묶어서 빙빙 돌려보니 오호.. 매우 재미있는 것이 아닌가? 테이프를 이용하여 죽나무 전체를 고정시키고 등줄 끝에 다른 나무를 매달아 새로운 무기를 만들어냈다. 마치 한쪽은 길고 한쪽은 약간 작은 쌍절권처럼 보이기도 하고 농가에서 쓰는 도리깨같이 보이기도 했다. '빙빙' 돌려보고 휘둘러보고 샌드백도 후려쳐보고……. 어라? 이건 뭔가 무기가 되어 보였다. 그리하여 우여곡절(迂餘曲折) 끝에 새로운 검법의 본(本) 하나 만들게 되었는데 당시에 나는 참으로 유치가 '철철' 넘치게도 이 검법이름을 '비룡승천검법(飛龍昇天劍法)' 이라고 명했다. 초등학생이 사용하는 종합장에다가 엉성한 그림을 넣어서 비급책이라고 만든 기억이 난다.
물론 그 훌륭한 절세무공의 비급은 지금은 깡그리 잊어먹었다. ^^

*추신–독자여러분께서 천하제일 절세무공인 비룡승천검법(飛龍昇天劍法)을 굳이 배우고 싶다면 아주 싼 가격에 염가세일해서 전수할 의향도 있다. 흐흐…….

그러나 가장 중요한 연습도구인 무술파트너가 없으니 그것은 어찌해 볼 도리가 없었다. 나의 파트너는 사방에 널려있는 고목나무와 소나무 가끔 참나무와 상수리 나무뿐이었다. 새벽이면 법당에서 108배를 끝마치기가 무섭게 샌드백으로 달려가 발길질과 주먹질을 해댔다.
이러한 훈련은 밤이 되도록 계속 되었고 하루 8시간 이상의 고된 수련을 계속해서 결행하였다. 하루에도 수천 번씩 같은 동작을 반복하고 단련했다.
신체의 단련뿐만 아니라 정신적인 단련을 위하여 선방에서 참선을 병행하여 언뜻 보면 도사티가 '철철' 난다고 생각했던 것도 사실이다.
한번은 목검으로 검도의 허리치기를 연습한다고 비스듬히 세워져 있는 마치 사람 같은 형상의 나무를 발견한 나는, 몇 시간이 되도록 허리치기를 연습했다.
으라차차!!~~ 바람 같은 달음질, 찰나 같은 나의 검. 목검에 부딪친 나무는 조금씩 패이기 시작했고 파편이 사방으로 튀었으며 드디어는 목검으로 나무를 절단할 수 있게 되었다. 손에 물집이 잡히고 피가 터졌다.
그러나 그 날 저녁 온몸에 두드러기가 나고 몸이 뜨거워지더니 오한이 나기 시작했다. 온통 붉은 반점에 얼마나 가려웠는지 하두 긁어 대서 허벅지, 겨드랑이 안쪽, 등허리, 엉덩이, 하다못해 발바닥까지 손톱 긁힌 자국으로 인하여 피가 '철철' 나고 있었다. 한마디로 죽었다가 살아났었다는 이야기이다.
나중에 안 사실이지만 필자가 수련했던 그 나무는 옻나무라고 법당스님이 귀뜸해주어서 알았다. --;; (독자여러분 옻나무가 뭔지 아쇼? 빌어먹을....--;;) 이러한 사건이 있은 후에도 나의 수련열정은 가시지를 않았다.
하지만 매우 이상한 현상이 신체 내에서 발생하고 있었다는 사실을 감지할 수 있었다. 겉으로 보기에는 매우 강해보였다. 눈알이 반짝반짝 거리고 걸음걸이는 날쌘 제비와도 같았다. 뿐만 아니라 엄청난 정권 단련을 해서 정권 부분에 무시무시하게 뚝살이 올라와 있었다. 스스로도 나의 신체적 변화에 대견해 있었고 점점 무력이 향상된다고 믿고 있었다.
비 오는 어느 날 마루에 걸터앉아 먼 산을 바라보았다.
비가 억수같이 퍼붓는데도 어디선가 제비 한 마리가 날아와 처마 밑에 앉았다. 오늘은 아무래도 수련을 쉬어야겠다는 생각을 했고 무심결에 주먹으로 마루바닥을 쿵쿵 쳤는데, 엄청나게 밀려오는 통증. 손 전체가 시큰거리고 따끔거리는 것이 아닌가? 언제부터인가 굳은살이 올라온 정권이 말랑말랑해졌다는 것을 알았지만, 연습부족의 탓으로 더욱 박차를 가해서 수련했었는데…….
통증은 며칠 동안 계속 되었고 '퉁퉁' 붓기 시작했다.
굳은살 속에는 피고름이 가득했다.
그 후로 서서히 몸이 망가지기 시작했다.
무릎에 통증이 밀려오고 팔꿈치관절에도 이상이 생겼다.
몸무게가 20kg이나 빠지기 시작하더니 자고 일어날 때마다 머리카락까지 한 줌씩 빠져서 나의 몰골은 일주일 전의 내가 아니었다. 아마 도심의 한복판을 걷다가 친한 친구를 만났다 하더라도 그는 나를 알아보지 못하리라. 모든 수련이 중지되었다.
어서 몸이 완쾌되어야 계속해서 수련에 임할텐데…….
몸이 망가지기 시작하니 정신 또한 황폐해지고 있다는 것을 느낄 수 있었다. 의지력이 약해지고 모든 것이 귀찮아진다.
점심에 오이 한 개를 들고 절 마당의 감나무 밑에 앉아 오이를 씹는데 눈에서 뜨끈미지근한 것이 흘러나왔다. 감정이 북받쳤다. 쪼그리고 앉아서 눈물을 훔치고 훔쳐도 시냇물처럼 흐르는 눈물을 주체할 수 없었다.
흐느낌이 점점 커질수록 입 속에 오이조각들이 바닥으로 튀었다.
지금까지 수련했던 모습이나 산에 오르기 전의 나의 건강했던 모습이 슬라이드 영상처럼 눈앞을 스쳐지나갔다.
생각할수록 설움이 밀려왔다. 두어 입 떼어 문 오이조각을 홧김에 냅다 집어던졌다.
마당의 복판으로 '떼굴떼굴' 구르는 오이조각.
지나가던 스님 한 분이 발 밑으로 굴러오는 오이조각을 집어서 바지춤에 '슥슥' 닦더니 보기 좋게 한 입 떼어 물며 나를 보고 씨익~~ 웃는다.
'C~~이~~8 제발 이 쪽으로 오지 마라. 그냥 지나가라. 시키야!!'
나의 마음 속에는 이러한 소리가 메아리쳤다.
가뜩이나 우울한데 그가 이 쪽으로 온다면 분명 도사 흉내내며 날 훈계할 것이 뻔하였다.
잉? 아니나 다를까? 그가 성큼성큼 다가오더니 나의 옆자리에 자리를 잡고 쪼그리고 앉는다.
'에이~~ C~~8…….' (물론 속으로 지껄인 말이다)
절 마당에 내려앉은 까치를 향하여 먹고 남은 오이 꼬다리를 집어던지며 그가 물었다.
"왜? 질질 짭니까?"
"남이사 질질 짜든 전봇대로 이빨을 쑤시든 뭔 상관이쇼? 시방?"
말투부터 새끼가 기분이 나빴다.
분명 돌팔이 중이 분명하리라. 케느므시키.
몇 번의 대화가 오고간 끝에 나는 그의 언변에 휘말려 지금껏 있었던 일들을 거미똥꼬녁에 거미줄 나오듯이 술술 풀어내고 말았다.
한참을 듣고 있던 땡초 중대가리. 이윽고 말문을 열었다.
옛날 석가여래(釋迦如來)가 열반하시기 전(前). 많은 제자들이 부처님의 열반에 슬퍼하며 질문을 던졌다.
"부처님!! 부처님이 돌아가시면 우리는 누구를 의지하며 수련해야 합니까요? 어떻게 깨달음을 얻을 수 있을까요? 참으로 막막합니다요?" 라고 말이다.
그러자 부처님이 다음과 같은 말씀을 하셨다고 한다.
"다음 세 가지 사항을 지키면 너희들이 깨달음을 얻는데 별반 무리가 없을 것이다.
첫째는 지금까지 내가 너희들에게 했던 말을 가지고 공부를 하는 것이고,
둘째는 자기 자신에 의지해서 도(道)의 깨달음을 얻는 것이며,
셋째는 여러 명이 함께 모여서 공부하고 수련하는 것이다."
라고 말씀하셨다고 한다.
그 말씀을 불기 2900년이 훨씬 지난 지금에도 열심히 따른다고 했다.
이야기를 '주저리 주저리' 내뱉더니 오이가 참 맛있다고 어디서 났느냐고 묻길래 대웅전 뒤 텃밭에서 울력하면서 한 개 따온 거라고 하자 허둥지둥 일어서더니 쏜살같이 법당 뒤로 사라졌다.
"땡초~~ 분명한 땡초임이 틀림없으리라."

땅거미가 지고 저녁이 되자 선선한 바람이 창호지 사이로 비집고 들어왔다.

소나기가 한바탕 퍼붓고 간 터라 산사(山寺)의 공기는 더욱 상쾌하게 느껴졌다. 마루에 큰 대자로 뻗어서 하늘을 바라보니 무수히 많은 별이 얼굴 위로 쏟아지는 듯 했다. 아무리 떨쳐버리려고 해도 낮에 땡초가 한 말이 귓가에 맴돌았다. 그가 오이를 쳐 먹는 모습이 눈앞에 아른거렸다.

그의 탁배기 깨지는 듯한 목소리가 귓가를 맴돈다.

어김없이 아침은 밝아오고 108배는 시작되고 나의 하루는 그렇게 시작되었다.

산 속에서 발길질과 주먹질은 평상 시와 똑같았다.

옆구리가 쑤시고 어깨가 빠질 듯이 아팠다.

산중턱에 있는 나만의 수련장에서 내려오는데 빌어먹을……. 또 눈물이 난다.

저녁나절 방안의 앉은뱅이 책상 위에 놓여있는 거울을 보았다.

몰골이 상접했다.

거울 속에서 나를 보는 이 놈은 누구인가?

저 놈이 3개월 전의 나의 모습인가?

저녁공양을 했다.

콩나물과 고사리를 넣어서 맛있게 비벼먹는데 빌어먹을 땡초 말이 생각난다.

무언가 머리를 스치고 지나간다.

머리가 맑아지면서 몸이 가뿐해진다.

웃으면서 눈물을 흘리며 공양을 하는 나의 모습을 보던 어느 스님 한 분이

"저 사람 드디어 미쳤다."

라고 소곤거리는 소리가 들렸다.

다음날 아침부로 짐을 쌓다.

법당으로 들어가 정성껏 향을 사르고 108배가 아닌 3배만 부처님께 올렸다.

주지스님께 작별인사를 고하고 절 마당으로 내려와 절을 둘러싼 병풍 같은 산을 바라보았다.

샘가에서 시원한 물을 한 잔 들이켰다.

나뭇잎 사이로 들어오는 아침햇살이 얼굴에 부딪쳐 산산이 부서진다.

저자 후기

어떠한 기술을 수록하여야 독자 여러분이 좋아할까?
어느 정도의 기술설명이 독자 여러분이 기술을 수련하면서 이해도가 빠를까를 생각하며 책을 저술했다.
참으로 오랜 시간의 사진촬영과 원고작업이 있었고 많은 사람들이 동원되어 편집 작업이 완료되었다.
탈고를 하면서도 수록하지 못한 공권유술의 기술들과 부족한 설명으로 인해 책으로 교본을 만드는 작업이 얼마나 힘든 것인가를 새삼 깨닫게 되었다.
앞으로 출간될 책은 좀 더 부족한 부분을 보완해야겠다는 다짐과 각오를 해 본다.
공권유술의 교본은 계속해서 발간될 것이다.
메치기의 기술교본이나, 전문적인 타격교본뿐만 아니라 공권유술에서만 볼 수 있는 최고의 기술 집합체라고 말할 수 있는 본(本)을 비롯하여 정말 실전에서 유용하게 사용할 수 있는 기술뿐만 아니라 무술학적 가치로서 손색이 없는 최고의 교본을 발간하겠다는 마음가짐을 가지고 있다.
한 권의 책을 집필할 때마다 독자 여러분의 열화와 같은 성원이 좀 더 좋은 책을 발간하게 되는 계기가 되는 것은 틀림없다. 뿐만 아니라 좀 더 분발해야겠다는 각오를 다진다.
값비싼 돈을 지불하고 필자의 책을 구입해 주시는 독자를 생각하면 정말 고개 숙여 감사하다는 말밖에 할 말이 없다.
약속하건대 필자는 한국 최고의 명저를 만들기 위해서 끊임없이 노력할 것이다. 이제 다음 원고를 집필 중이고 또 몇 달 후면 새로운 공권유술의 교본을 만나볼 수 있을 것이다.

사진작업이 모두 끝나고 기념촬영을 했습니다.

책이 나오기까지 수고를 아끼지 않은 -왼쪽부터-허창회 사범, 송진섭 PD, 김신성 PD에게 진심으로 감사드립니다.
사진에는 없지만 사랑하는 제자 이충효 사범에게도 고맙다는 말을 전합니다.

2004년 3월 6일

강 준

공권유술 지도자 연수 안내

안녕하십니까?
대한공권유술협회장 강준입니다.
대한공권유술협회에서는 공권유술의 전국 조직 확대의 일환이자 참신하고 역량 있는 지도자를 양성하여 미래를 준비한다는 마음으로 체계적인 수련지도와 대중화 작업을 더욱 효율적으로 달성하기 위해 지도자 과정을 개설하였습니다.
다음 사항을 참조하시고 공권유술에 많은 관심과 애정 어린 참여를 바랍니다.

공권유술의 실용성

공권유술은 1996년 발족, 1998년 창단하여 최근 1~2년 사이에 세상에 알려진 신생 무술입니다. 무술을 하시는 분들 대부분이 공권유술의 실전성에 대해서 최고라는 평가를 해주시고 있습니다.
근 1년 사이에 전국에 여러 개의 지관이 생길 정도로 많은 무술인에게 호평을 받고 있으며 무술적 차원에서 뿐만 아니라 사업성에서도 매우 각광을 받고 있습니다.
그것은 공권유술이 어린이들을 상대로 수련하는 프로그램뿐만 아니라 성인들을 위한 특별한 프로그램으로 짜여져 있기 때문입니다.
공권유술은 기술 하나하나가 매우 살인적이며 치명적인 기술로 구성되어있어 어린이가 수련하기 위해서는 정신적인 인성발달도 같이 이루어져야 합니다.
공권유술의 월 회비는 타 무술도장의 회비보다 월등히 높으며 일주일에 2회에서 3회 정도밖에 수련하지 않음에도 불구하고 많은 성인남녀가 도관을 찾아 수련하고 있습니다.
이것은 무술의 선진화를 의미하며 무술을 골프나 스키를 즐기는 것처럼 재미있게 수련할 수 있는 것을 의미합니다.

타 무술을 수련하셨던 분이라도 공권유술의 전문 하이테크닉 기술과 성인과 학생들의 프로그램을 익히시고 수련하신다면 현재 여러분이 하고 계시는 무술과 적절히 조화를 이루어 많은 관원을 유치할 수 있을 뿐 아니라 무력향상도 급상승할 수 있으리라 생각합니다.

이미 선진국의 무술도장은 단일 종목의 무술로서의 기능이 아니라 복합적인 무술테크닉을 상품으로 많은 관원을 유치하고 있으며 미국과 유럽의 태권도장에서는 타격기와 유술기를 동시에 수련함으로써 실전무술보급에 힘쓰고 있습니다.

광고는 협회 홈페이지로 각 도장의 현황과 수련 방침 그리고 위치 등을 자세히 소개하여 많은 수련생을 유치할 수 있도록 합니다.

공권유술의 고난이도 실전기법을 현재의 무술에 접목하는 것이야말로 최고의 무술상품이 될 것입니다.

공권유술이 언론에 소개된 내용

-sbs 서울 방송 '리얼 코리아' 2002년 4월 3일 방송

-itv 경인 방송 '맞짱' 2002년 7월 14일 방송

-kbs2 '차인표의 블랙박스' 2002년 10월 13일 방송

-itv 경인 방송 '승부' - 공권유술과 열두제자 2003년 1월 26일 방송

-psb 부산방송 '스포츠 팡팡팡' - 무술계의 새로운 바람! 2003년 6월 16일 방송 등

※ 자세한 사항은 공권유술 협회 홈페이지 www.gongkwon.net을 참고하시기 바랍니다. 수련생의 수련장면이나 강준 총관장의 지도장면을 다양한 동영상의 자료로 감상하실 수 있습니다

공권 유술이란?

형식과 격식을 타파하고 가장 효과적인 공격과 방어기술로 상대를 제압하는 기술이 함축되어있는 무술입니다.

1. 타격기
 • 수기(손으로 타격하는 모든 기술)
 • 족술(발로 차는 모든 기술)
2. 던지기와 메치기
3. 술기(서서 교전할 시 상대의 관절을 꺾는 기술)
4. 와술기(상대가 매트에 넘어져 있더라도 계속해서 꺾거나 조르기를 시도해 항복을 받아내는 기술)
5. 격투기(위의 기술을 격투술에 접목시키는 기법)

위와 같은 기술로 이루어져 있으며 최대한 빨리 효과적으로 상대를 제압하는 것을 최우선으로 합니다. 각 투기종목의 장점을 따서 그것을 접목하고 단점을 과감히 버렸습니다.

지도자 연수 프로그램

• 수기타격 테크닉
• 족술타격 테크닉
• 타격 콤비네이션 테크닉
• 메치기의 원리와 메치기
• 메치기에서 와술
• 메치기와 타격기 테크닉
• 메치기 콤비네이션
• 관절기와 조르기
• 와술에서의 콤비네이션

풀컨텍 대련 테크닉 이외에 다양한 프로그램으로 수업진행이 이루어지며 체력 위주가 아닌 기술 위주로의 수련으로 진행됩니다.

지도자연수 후의 도장개설 시 지원프로그램

온라인 프로그램

1. 홈페이지

- 체육관일정 및 수련과정 소개
- 심사/행사/세미나 등에 관한 소개 및 온라인 접수
- 관원의 수련게시판, 학부모의 설문조사 전자앨범
- 커뮤니케이션-쇼핑몰

2. 지도자 동호회

- 회원 상호간에 경영정보공유
- 신속한 경영자료 업 데이트
- 사범님들의 자료실 개설 및 공유

3. 관리프로그램

- 가정통신문 및 체력 측정표-상벌제도
- 월 회비/ 심사비/ 대회참가비접수
- 관원 및 회계변동사항

교육프로그램

1. 현장실무에 가능할 수 있도록 한 교육과정
2. 수련지도법의 개발로 경쟁력을 강화
3. 관원의 인성개발 개인별 지도법으로 인한 지도법
4. 관원과 학부모의 요구변화에 대한 즉각적 대처
5. 워크샵과 경영정보 및 수련지도법 공유

수련프로그램

1. 수련생 맞춤형 수련지도법
2. 단계별 프로그램으로 장기 수련 유도

3. 분야별 프로그램 개발/적성별 수련지도 가능
4. 계절별 수련프로그램 적용 수련생 만족도

누가 지도하나?

공권유술 총관장이 직접 지도합니다.
초등학교 5학년 때부터 일본의 실전 무술인 야와라를 시작으로 하여 유도, 검도, 태권도, 합기도, 킥복싱, 격투기 등 실전무술과 다양한 이론을 공부하면서 무술과 실전과의 차이를 인식하고 공권유술협회를 창단 발족하였습니다.
수차례 지역신문은 물론 여러 일간 신문에도 소개된 바 있고, 각종 TV언론매체에 화제가 되기도 했으며 그의 경험과 이론이 책으로도 출판되어 발행하는 책마다 무술서적 최고의 베스트셀러를 기록하기도 했습니다.

저서

- 싸움에서 무조건 이기는 방법-학민사
- 최강의 파이터(입문편)-오성출판사
- 최강의 파이터(실전편)-오성출판사
- 싸움의 법칙-오성출판사
- 만화-싸움에서 무조건 이기는 방법-T&T BOOKS
- 무술전문잡지 마르스 '싸움에서 이기는 방법' 다수편 연재

교육용 비디오

공권유술 '한방의 승부수' 1편/ 2편 출시(컬처메이커)
공권유술 '최강의 파이터' 1편/ 2편 출시(대한공권유술협회)

교육기간

2개월(8주 과정) 이수
매주 토요일 오후 5시부터~8시까지 3시간씩

자격

1. 고졸 이상의 졸업자 또는 이와 동등한 학력 소지자
2. 타 무술의 2단 이상의 소지자
3. 무술에 열성적인 노력과 애착을 가지신 분
4. 공권유술의 개관을 희망하시는 분

특전

1. 교육수료 중 들어가는 일체장비 지급과 교재 및 도복지급
2. 지도자 연수 수료증
3. 임명장
4. 단증
5. 공권유술협회 주관행사와 전국대회 임원자격 부여
6. 교육수료 후 공권유술 개관지원
7. 해외연수 및 국내 세미나 개최 시 우선권 부여
8. 지속적인 프로그램을 지원하고 계속적인 기술연수에 참여

구비서류

1. 주민등록 초본
2. 타 무술단증 사본
3. 반명함판 사진 5매
4. 지도자 과정 신청서(별도양식)

* 자세한 내용은 협회 사무국으로 문의 바랍니다.
사무국 02)2254-0758
홈페이지 www.gongkwon.net

* 공권유술의 상표와 상호 등은 특허청으로부터 상표등록이 출원된 상태입니다. 대한공권유술협회의 허가 없이 상표와 상호 또는 그 내용을 무단으로 사용할 수가 없습니다.

실전대련테크닉

2004년 5월 10일 초판 1쇄 인쇄
2006년 7월 5일 초판 2쇄 발행

지은이 | 강 준
펴낸이 | 이금재
펴낸곳 | 오성출판사

주 소 | 서울시 영등포구 영등포 6가 147-7
전 화 | (02)2635-5667~8
팩 스 | (02)835-5550

출판등록 | 1973년 3월 2일 제13-27호
ISBN | 89-7336-746-3

값 30,000원